U0226936

《图说甘肃省国家重点保护植物（2021版）》编纂委员会

主　编　潘建斌　杜维波　冯虎元

编　委　（按姓氏拼音排序）

安黎哲　陈　云　杜维波　冯虎元　勾晓华　郝媛媛
李波卡　罗凡迪　潘建斌　孙旭伟　魏延丽　徐世健
赵长明　祝传新

· 项目资助 ·

第二次青藏高原综合科学考察研究（2019QZKK0301）

科技基础资源调查专项（2022FY202300）

国家重点研发计划（2019YFC0507401）

甘肃省生物多样性保护规划（2021—2035）重点保护植物现状评估及对策建议协作项目

国家标本平台教学标本子平台（2005DKA21403-JK）

兰州大学教材建设基金

图说甘肃省
国家重点保护植物
（2021版）

TUSHUO GANSUSHENG
GUOJIA ZHONGDIAN BAOHU ZHIWU
（2021BAN）

潘建斌　杜维波　冯虎元 \ 主编

图书在版编目（CIP）数据

图说甘肃省国家重点保护植物 ：2021版 / 潘建斌，杜维波，冯虎元主编. -- 兰州 ：兰州大学出版社，2023.4
ISBN 978-7-311-06471-6

Ⅰ. ①图… Ⅱ. ①潘… ②杜… ③冯… Ⅲ. ①珍稀植物－野生植物－甘肃－图解 Ⅳ. ①Q948.524.2-64

中国国家版本馆CIP数据核字(2023)第080590号

责任编辑　梁建萍
封面设计　汪如祥

书　　名　图说甘肃省国家重点保护植物(2021版)
作　　者　潘建斌　杜维波　冯虎元　主编
出版发行　兰州大学出版社　(地址:兰州市天水南路222号　730000)
电　　话　0931-8912613(总编办公室)　0931-8617156(营销中心)
　　　　　0931-8914298(读者服务部)
网　　址　hhttp://press.lzu.edu.cn
电子信箱　press@lzu.edu.cn
印　　刷　成都市金雅迪彩色印刷有限公司
开　　本　787 mm×1092 mm　1/16
印　　张　12
字　　数　126千
版　　次　2023年4月第1版
印　　次　2023年4月第1次印刷
书　　号　ISBN 978-7-311-06471-6
定　　价　48.00元

序

当今，生物多样性保护受到全球的广泛关注。可以说，2022年依然是“生物多样性保护超级年”（super year for biodiversity conservation）。联合国《生物多样性公约》第十五次缔约方大会第二阶段会议即将于2022年12月5日—17日召开，核心议题是审议通过“2020年后全球生物多样性框架”，也就是2021—2030年全球生物多样性保护议程。《联合国气候变化框架公约》第二十七次缔约方大会于2022年11月6日—18日在埃及召开，特别强调基于自然的解决方案（Nature-based solutions）和基于生态系统的适应（Ecosystem-based adaptation）来实现气候变化减缓与生物多样性保护的协同增效。《濒危野生动植物种国际贸易公约》第十九次缔约方大会于2022年11月14日—25日在巴拿马举行，进一步采取有效措施减少贸易对受威胁物种的影响。《湿地公约》第十四届缔约方大会审议通过了《2025—2030年全球湿地保护战略框架》。中国不仅积极履行相关国际环境公约的义务，积极参与全球生物多样性治理，而且把生物多样性保护理念融入生态文明建设全过程。2021年10月19日，中共中央办公厅、国务院办公厅印发了《关于进一步加强生物多样性保护的意见》，指出：以有效应对生物多样性面临的挑战、全面提升生物多样性保护水平为目标，确保重要生态系统、生物物种和生物遗传资源得到全面保护。2021年9月7日，经国务院批准，国家林业和草原局、农业农村部发布新版《国家重点保护野生植物名录》。最新发布的名录包括6大类1100余种野生植物。各省级保护单位应明确自己辖区分布的重点保护植物种类及其分布，至少清楚县级分布，便于保护工作落到实处。全国名录发布后，我曾经跟国家林业和草原局主管此项业务的司领导建议过，希望国家林业和草原局要求各省级单位首先建立全国重点保护植物在其辖区的县级分布数据库。当我看到冯虎元教授团队主编的《图说甘肃省国家重点保护植物（2021版）》时感到特别高兴。

这本书不仅包括了我想到的省级全国重点保护植物县级分布数据库的内容，而且图文并茂地介绍了这些植物。每个分类群配有多张反映物种详细特征的照片，概括了物种的识别要点和生境特点，提供了物种在甘肃省境内的县级分布图，并对物种的保护级别、IUCN濒危等级、CITES附录级别、主管单位、保护原因及名称变化等信息进行了总结，是一本非常实用的工具书。

甘肃省地跨亚热带、暖温带、温带、高原高寒四个气候带，涉及长江、黄河、内陆河三大水系，以及青藏高原、黄土高原、秦岭山脉、陇南山地和蒙新荒漠区等多个自然地理单元，生境类型多样，发育着丰富的生物多样性。这本书收录的甘肃省分布的全国重点保护植物140种（含种下单元），其中野生分布的135种，露天栽培的5种。野生分布植物隶属于51科82属，其中一级保护植物6种，二级保护植物129种。这些物种多分布于陇南市、甘南州和天水市。

冯虎元教授从事植物学教学和科研工作多年，是一位教学和科研皆有成就的学者，也参加了我主编的《中国常见植物野外识别手册》系列丛书的编写，借此机会祝贺《图说甘肃省国家重点保护植物（2021版）》即将付梓。希望有更多的植物学专家像冯教授一样为我国植物多样性保护编写通俗易懂的书籍，为有关政府部门和保护工作者提供实用的工具书；也希望有更多的省市区组织编写类似的手册，服务于植物保护工作。

谨此为序，乐见其成。

中国科学院植物研究所研究员
中国科学院大学教授
中科院生物多样性委员会副主任兼秘书长
世界自然保护联盟（IUCN）亚洲区域委员会主席
《生物多样性》主编

2022年11月18日于北京香山

前　言

甘肃省位于我国西北地区，东接陕西，西连新疆，南接四川，北连宁夏和内蒙古，其西北部与蒙古国接壤，总面积约42.59万平方千米，是中国陆域的地理中心。地跨亚热带、暖温带、温带、高原高寒四个气候带，区域内有长江、黄河、内陆河三大水系，也有青藏高原、黄土高原、秦岭山脉、西南山地和蒙新荒漠区等多个自然地理单元，是我国东西区域的交汇地带。依据2015年生态环境部发布的相关公告，甘肃省有7个区域入列《中国生物多样性保护优先区域范围》，从南到北依次为秦岭、岷山—横断山北段、羌塘—三江源、六盘山—子午岭、祁连山、西鄂尔多斯—贺兰山—阴山、库姆塔格。因此，甘肃省是我国生态系统类型最为复杂的省份之一，植物多样性位居西北五省区之首，分布着大量的珍稀濒危和孑遗植物，生物资源的研究利用价值前景很大。

党的十八大以来，在习近平生态文明思想的引领下，我国生物多样性治理新格局基本形成，经过党的十九大实践、总结，党的二十指出大自然是人类赖以生存发展的基本条件。尊重自然、顺应自然、保护自然，是全面建设社会主义现代化国家的内在要求。伴随着习近平总书记在《生物多样性公约》第十五次缔约方大会上提出的“共同构建地球生命共同体”，以及我国政府发布的《关于进一步加强生物多样性保护的意见》等相关政策的实施，我国生物多样性保护进入新的历史时期。

植物多样性作为生物多样性的重要组成部分，是生物多样性的基石，为动物、微生物和人类的生存发展提供根本保障，也是通过光合固碳实现碳达峰、碳中和目标的重要途径。尽管近年来甘肃省的生物多样性保护取得了长足成效，但甘肃省植物多样性的调查仍不充分，尤其是区域内国家重点保护野生植物等重要物种的记录不清，难以开展精准评估和保护，使省域生物多样性保护和开发利用、国土空间优化、生态系统修复等受到严重制约，也阻碍了通过重要物种的科普宣传教育，对党的二十大“加强国家科普能力建设，深化全民阅读活动”的贯彻落实和公众的生物多样性保护意识的有效提升。

2021年9月7日，经国务院批准，国家林业和草原局、农业农村部公告发布新版《国家重点保护野生植物名录》（以下简称2021版名录），同时废止1999年旧版《国家重点保护野生植物名录（第一批）》。最新发布的2021版名录包括苔藓植物、石松类和蕨类植物、裸子植物、被子植物、藻类、真菌，总计6大类1100余种野生物种。近年来，随着植物分子系统的发展，物种的界定、名称和科属归属也随之发生变动，一些误称和误定的物种时常出现，对植物保护极为不便。为了对甘肃省内的国家重点保护野生植物进行科学准确的编目，解决实践中保护目标不清、难以实施保护的窘境，为后续的保护和开发利用、地方主管部门核查监管等提供详尽的基础数据，为满足党的二十大提出的“全面提高人才自主培养质量，着力造就拔尖创新人才”“办好人民满意的教育”等要求提供优质的专业读物，也为落实党的二十大“提升生态系统多样性、稳定性、持续性”提供有力的技术支撑，我们编写了本书。

本书以《中国植物志》和*Flora of China*为基础，结合《甘肃植物志（第二卷）》，对省域内的相关文献、科学考察报告等资料进行梳理，并查阅国家标本平台（National Specimen Information Infrastructure，简称NSII）和中国数字植物标本馆（Chinese Virtual Herharium，简称CVH）等标本记录，采用与《中国植物物种名录（2022版）》相同的分类系统和物种名称，系统整理了甘肃省国家重点保护野生植物。

本书收录的物种包括野生（自然）分布和露天（引种）栽培植物。野生分布植物总计6大类51科82属135种（含种下单元），其中苔藓植物1科1属1种，石松类1科1属2种，裸子植物4科8属10种，被子植物42科68属118种，藻类1科1属1种，真菌2科3属3种。一级保护植物6种，其中裸子植物3种，被子植物2种，藻类1种。二级保护植物129种，其中苔藓植物1种，石松类2种，裸子植物7种，被子植物116种，真菌3种。物种数量最多的科属分别为兰科（28种）和杓兰属（16种）。中国特有属7个，中国特有种61种，甘肃特有属1个，甘肃特有种2种。地理分布表明，甘肃省国家重点保护野生植物绝大多数分布在陇南市、甘南州和天水市的森林植被带中。露天栽培植物总计有2大类5科5属5种，分别为银杏（*Ginkgo biloba*）、水杉（*Metasequoia glyptostroboides*）、鹅掌楸（*Liriodendron chinense*）、四合木（*Tetraena mongolica*）、玫瑰（*Rosa rugosa*）。

本书中每个分类群配有多张反映物种详细特征的照片，概括了物种的识别要点和生境特点，提供了物种在甘肃省境内的县级分布图，并对物种的保护级别、世界自然保护联盟（IUCN）濒危等级、《濒危野生动植物种国际贸易公约（*CITES*）》附录级别、主管单位、保护理由及名称变化等信息进行了总结，具有工具书的性质。然而，本书所收录物种的地理分布信息主要依据数字化的标本记录和相关文献资料，以及部分野外调查。鉴于部分物种的县级分布数据缺乏，我们在资料整理过程中，将物种分布地调整为市级分布。而甘肃国家重点保护野生植物实际的地理位置、种群大小、与最近自然保护地的关系等，还需要进一步调查和研究。在此基础上，才能建立国家重点保护野生植物在国家公园、自然保护地中的保护体系，为有针对性的保护提供科学的方案。

本书的出版得到了许多个人和单位的帮助与支持。世界自然保护联盟亚洲区域委员会主席、中国科学院生物多样性委员会秘书长、《生物多样性》主编、中国科学院植物研究所马克平研究员对本书给予了高度评价，并为本书欣然作序。杨龙和王瑶佳绘制了部分模式图，陈彬、陈又生、杜巍、黄兆辉、黎斌、李波卡、李小伟、林秦文、刘冰、刘磊、卢元、马全林、满自红、任昭杰、孙国钧、图力古尔、魏泽、魏延丽、寻路路、杨霁琴、赵德善、周繇、朱仁斌、朱旭龙、朱鑫鑫等人提供了部分照片，多幅手绘图来自兰州大学植物教研室教学挂图，数张标本照片来自兰州大学植物标本室（LZU）、中国科学院植物研究所标本室（PE）和中国科学院寒区旱区环境与工程研究所植物标本室（LZD）。本书中物种在甘肃省境内县级分布图的底图来源于甘肃省标准地图在线服务系统（http://gansu.tianditu.gov.cn/gsstdmap/startpg/index.html，审图号：甘S（2017）59号）。本书的出版得到了第二次青藏高原综合科学考察研究（2019QZKK0301）、科技基础资源调查专项（2022FY202300）、国家重点研发计划（2019YFC0507401）、甘肃省生物多样性保护规划（2021—2035年）重点保护植物现状评估及对策建议协作项目、国家标本平台教学标本子平台（2005DKA21403-JK）和兰州大学教材建设基金的资助。在本书的编写和出版过程中，得到了兰州大学生命科学学院领导的支持和许多老师的鼓励，也得到了兰州大学出版社梁建萍编辑的指导和帮助。对以上个人和单位一并致以诚挚的谢意。

总之，甘肃省作为“一带一路”的重要节点，黄河流域高质量发展的上游省区，筑牢国家西部生态安全屏障、坚持生态优先绿色发展的战略区域，应当加强区域生物多样性保护，提升公众生态文明意识，不断让公众理解、支持、参与保护工作，践行“绿水青山就是金山银山”的理念，为建设美丽中国、美丽甘肃贡献力量。

限于知识水平，错误和不足之处在所难免，恳请批评指正。

编者

2022年11月

目　录

甘肃省地图

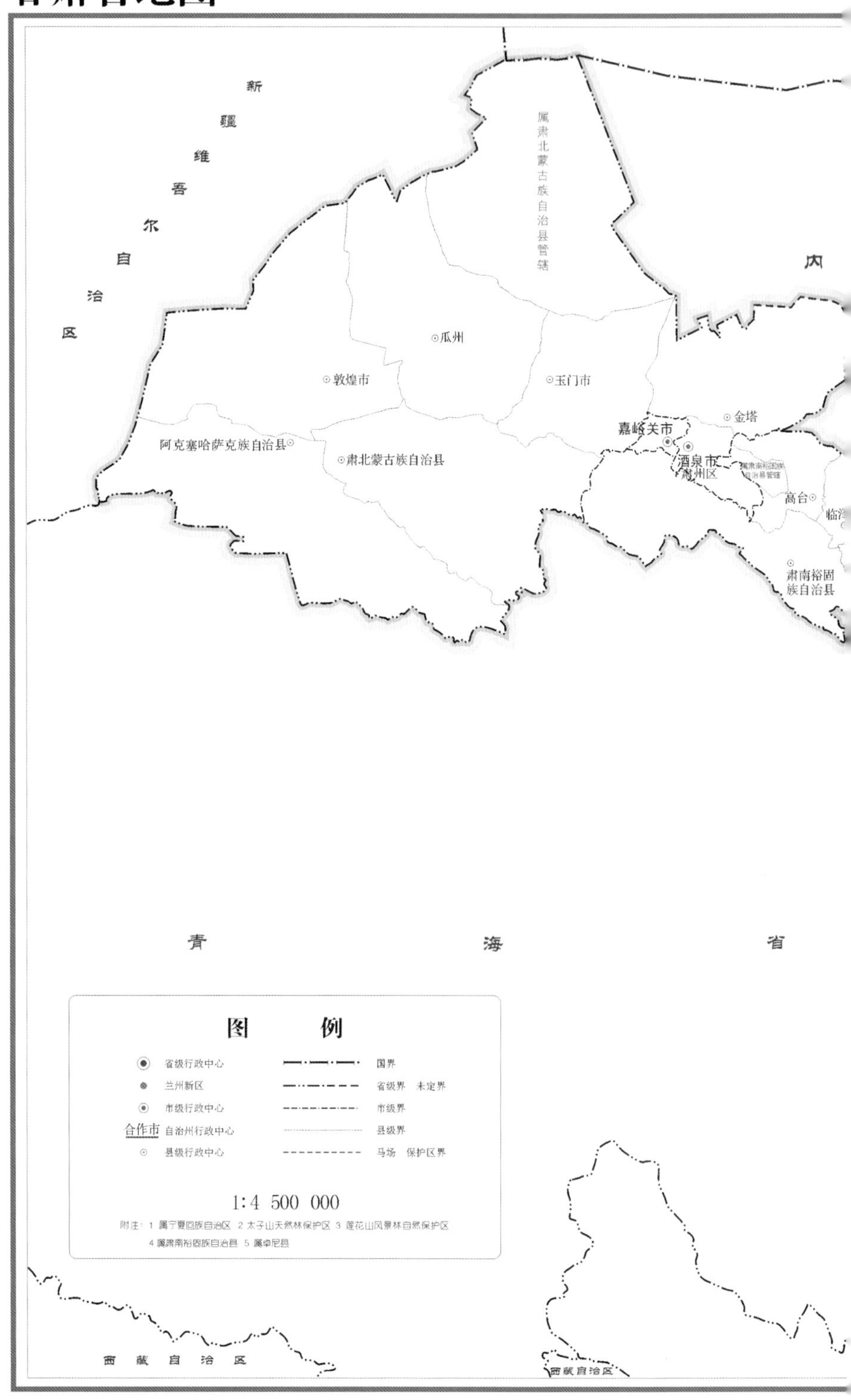

审图号：甘S(2017)59号　2017年8月29日

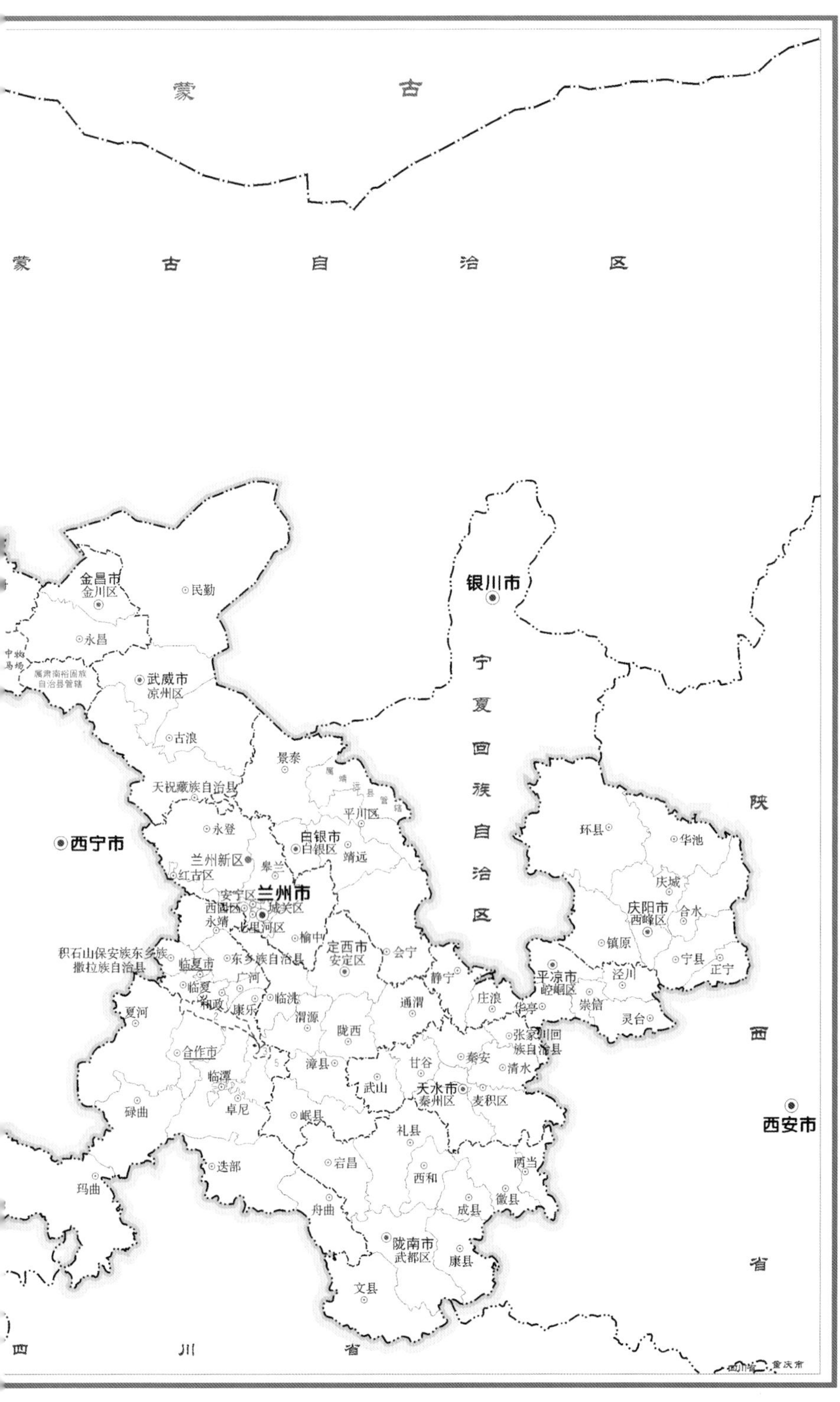

甘肃省测绘地理信息局监制

苔藓植物

桧叶白发藓

Leucobryum juniperoideum

蒙古

内蒙古自治区

青海省

西宁市

兰州市

银川市

宁夏回族自治区

陕西省

西安市

四川省

图例

1∶4 500 000

保护级别	IUCN 濒危等级	CITES 附录级别	主管单位
二级	无危	—	林草部门

识别要点：植物体浅绿色，密集丛生，高达3厘米。叶卵披针形，群集，干时紧贴，湿时常偏向一边，长5～7毫米，宽1～2毫米，基部稍短于上部，卵形，上部狭披针形，有时内卷呈筒状，边全缘；中肋基部透明细胞2层；叶片基部细胞多行，其中接近中肋处有5～6行长方形细胞，边缘为2行线性细胞。

生境描述：生于海拔1300～3600米的阔叶林下树干或石壁上。

地理分布：文县。

保护原因：具有重要的生态价值，在森林生态系统是涵养水源的重要物种。近年因经济价值提升，人为采挖严重。

石松类和蕨类

锡金石杉

Huperzia herteriana

蒙古
内蒙古自治区
宁夏回族自治区
银川市
西宁市
兰州市
西安市
青海省
图例
1:4 300 000

保护级别	IUCN 濒危等级	CITES 附录级别	主管单位
二级	数据缺乏	—	林草部门

识别要点：多年生草本，土生。茎直立或斜生，高4～19厘米，中部直径1.5～2.5毫米，枝连叶宽1.0～1.5厘米，2～4回二叉分枝，枝上部有芽孢。叶螺旋状排列，叶不斜向上抱茎，镰状弯曲，基部不明显变狭，宽不及1毫米，边缘平直，先端有啮蚀状小齿或全缘，两面光滑，有光泽，中脉不明显，薄革质。孢子叶与不育叶同形；孢子囊生于孢子叶的叶腋，两端露出，肾形，黄色。

生境描述：生于海拔1600～4000米的林下阴湿地或苔藓丛中。

地理分布：文县。

保护原因：具有重要的药用价值，且属内物种容易混淆。全草入药，人为采挖严重。

小杉兰

Huperzia selago

保护级别	IUCN 濒危等级	CITES 附录级别	主管单位
二级	易危	—	林草部门

识别要点：多年生草本，土生。茎直立或斜生，高3～25厘米，中部直径1～3毫米，枝连叶宽5～16毫米，1～4回二叉分枝，枝上部常有芽胞。叶螺旋状排列，密生，斜向上或平伸，披针形，基部与中部近等宽，通直，长2～10毫米，中部宽0.8～1.8毫米，基部截形，下延，无柄，先端急尖，边缘平直不皱曲，全缘，两面光滑，具光泽，中脉背面不显，腹面可见，革质至草质。孢子叶与不育叶同形；孢子囊生于孢子叶腋，不外露或两端露出，肾形，黄色。

生境描述：生于海拔2000～5000米的草甸、石缝中、林下等。

地理分布：舟曲县。

保护原因：具有重要的药用价值，且属内物种容易混淆。全草入药，人为采挖严重。

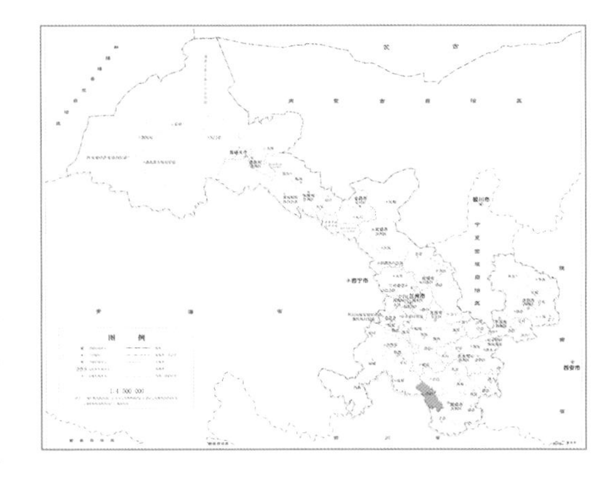

裸子植物

银杏

Ginkgo biloba

保护级别	IUCN 濒危等级	CITES 附录级别	主管单位
一级	极危	—	林草部门

识别要点：乔木，高达40米。枝分长枝和短枝。叶扇形，叶长3～10厘米，叶在长枝上螺旋状散生，在短枝上3～8叶簇生。雌雄异株，雄球花具梗，葇荑花序状，雄蕊多数，具短梗，螺旋状着生，排列疏松；雌球花具长梗，梗端常分两叉，稀3～5叉或不分叉，每叉顶生一盘状珠座，各具1枚直立胚珠，风媒传粉。种子核果状，具长梗，下垂，外种皮肉质，被白粉，有臭味；中种皮骨质，内种皮膜质；胚乳肉质，可食。花期3～4月，果期9～10月。

生境描述：生于海拔1000米以下排水良好的天然林中。

地理分布：甘肃无野生分布，各地区均有栽培。

保护原因：我国特有科属，著名的活化石植物，对研究裸子植物系统发育、古植物区系、古地理及第四纪冰川气候有重要价值。分布范围狭窄。

岷江柏木

Cupressus chengiana

保护级别	IUCN 濒危等级	CITES 附录级别	主管单位
二级	易危	—	林草部门

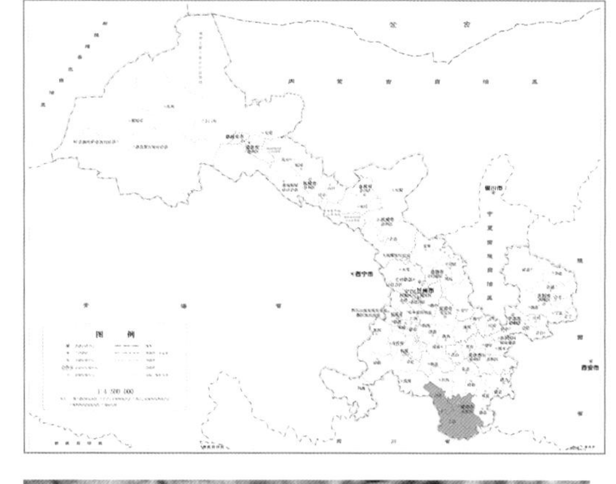

识别要点：常绿乔木，高达30米。多年生枝皮鳞状剥落，枝叶浓密，生鳞叶的小枝斜展，不下垂，不排成平面，末端鳞叶枝粗，径1～1.5毫米，圆柱形。鳞叶斜方形，长约1毫米，交叉对生，排成整齐的四列，背部拱圆，无蜡粉，无明显的纵脊和条槽，或背部微有条槽，腺点位于中部。成熟的球果近球形或略长，径1.2～2厘米；种鳞4～5对，顶部平，不规则扁四边形或五边形，红褐色或褐色，无白粉；种子多数，扁圆形或倒卵状圆形，长3～4毫米，宽4～5毫米，两侧种翅较宽。

生境描述：生于海拔1200～2900米的峡谷两侧或干旱河谷。

地理分布：文县、武都区、舟曲县。

保护原因：我国特有物种，为长江上游水土保持的重要树种和高山峡谷地区中山干旱河谷地带的先锋树种。分布范围狭窄。

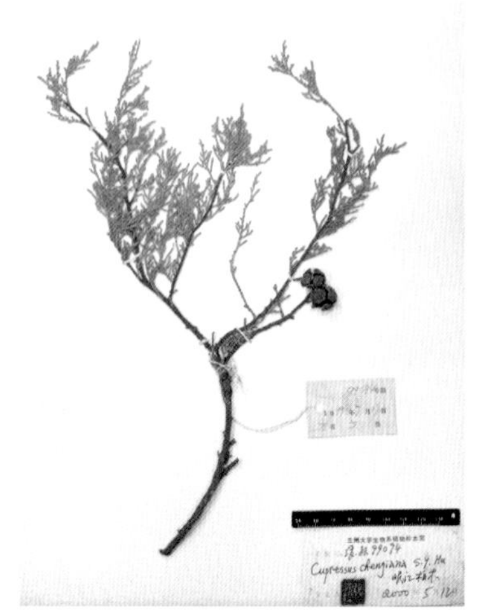

水杉

Metasequoia glyptostroboides

保护级别	IUCN 濒危等级	CITES 附录级别	主管单位
一级	濒危	—	林草部门

识别要点：落叶乔木，高达35米。多年生枝褐灰色。叶条形，长0.8～3.5厘米，宽1～2.5毫米，沿中脉有两条较边带稍宽的淡黄色气孔带，每带有4～8条气孔线，叶在侧生小枝上排列成二列，羽状，冬季与枝一同脱落。球果下垂，近四棱状球形或矩圆状球形，成熟前绿色，熟时深褐色，长1.8～2.5厘米，直径1.6～2.5厘米。种子扁平，倒卵形，间或圆形或矩圆形，周围有翅，先端有凹缺。花期2月下旬，球果11月成熟。

生境描述：生于海拔750～1500米的酸性黄壤土地区的针阔混交林带。

地理分布：甘肃无野生分布，各地公园内有栽培。

保护原因：我国特有物种，极小种群保护物种，分布范围狭窄。水杉有“活化石”之称，对于古植物、古气候、古地理和地质学以及裸子植物系统发育的研究均有重要意义。

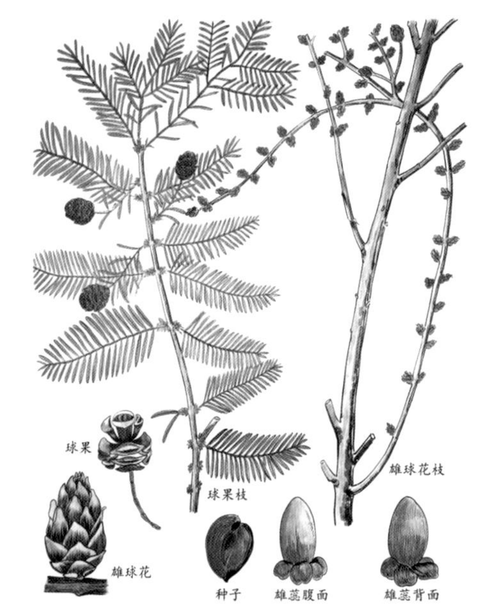

穗花杉

Amentotaxus argotaenia

保护级别	IUCN 濒危等级	CITES 附录级别	主管单位
二级	无危	—	林草部门

识别要点：灌木或小乔木，树皮灰褐色或淡红褐色，裂成片状脱落。小枝向上斜展，圆或近方形。叶基部扭转排成两列，条状披针形，直或微弯镰状，长3～11厘米，宽6～11毫米，先端尖或钝，基部渐窄，楔形或宽楔形；叶柄极短，叶背的白色气孔带与绿色边带等宽或较窄。雄球花1～3穗，长5～6.5厘米，雄蕊有2～5个花药。种子椭圆形，成熟时假种皮鲜红色，长2～2.5厘米，径约1.3厘米，顶端有小尖头露出，基部宿存苞片的背部有纵脊，梗长约1.3厘米，扁四棱形。花期4月，种子10月成熟。

生境描述：生于海拔300～1100米的阴湿溪谷两旁或林内。

地理分布：文县。

保护原因：我国特有树种，具有重要的科研价值。

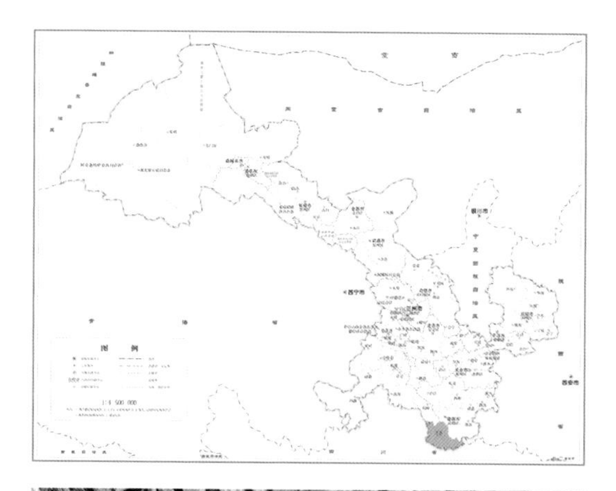

白豆杉

Pseudotaxus chienii

保护级别	IUCN 濒危等级	CITES 附录级别	主管单位
二级	易危	—	林草部门

识别要点：灌木，高达4米。树皮灰褐色，裂成条片状脱落；一年生小枝圆，近平滑，褐黄色或黄绿色，基部有宿存的芽鳞。叶条形，排列成两列，直或微弯，长1.5～2.6厘米，宽2.5～4.5毫米，先端凸尖，基部近圆形，有短柄，两面中脉隆起，上面光绿色，下面有两条白色气孔带，宽约1.1毫米，较绿色边带为宽或几等宽。种子卵圆形，长5～8毫米，径4～5毫米，上部微扁，顶端有凸起的小尖，成熟时肉质杯状假种皮白色，基部有宿存的苞片。花期3月下旬至5月，种子10月成熟。

生境描述：生于低海拔常绿阔叶树林及落叶阔叶树林中。

地理分布：甘肃野生分布存疑，文献记录康县有分布。

保护原因：我国特有的单种属植物，是第三纪孑遗物种，对研究植物区系与红豆杉科系统发育有重要的科学价值。

西藏红豆杉

Taxus wallichiana

保护级别	IUCN 濒危等级	CITES 附录级别	主管单位
一级	易危	附录Ⅱ	林草部门

识别要点：常绿乔木或大灌木。雌雄异株，异花授粉。多年生枝淡褐色或红褐色。叶条形，排成彼此重叠的不规则两列，质地较厚，通常直，上下几等宽或上端微渐窄，先端有刺状尖头，基部两侧对称，上面光绿色，下面沿中脉带两侧各有一条淡黄色气孔带，中脉带与气孔带上均密生细小角质乳突，常与气孔带同色。球花单生叶腋，种子生于红色肉质杯状的假种皮中，柱状矩圆形，上下等宽或上部较宽，微扁，长约6.5毫米，径4.5～5毫米，种脐椭圆形。

生境描述：生于海拔2500～3000米的阔叶林、针叶林、针阔混交林及开阔的灌丛中。

地理分布：文县。

保护原因：具有重要的科研和经济价值。树皮中含有制备抗癌药物的化合物，人为盗采严重。

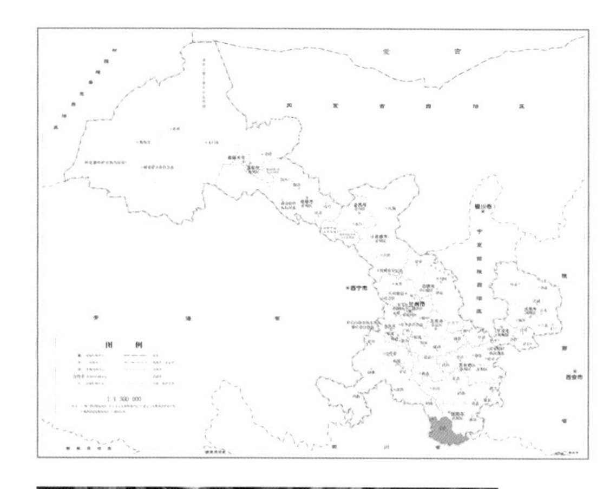

红豆杉

Taxus wallichiana var. *chinensis*

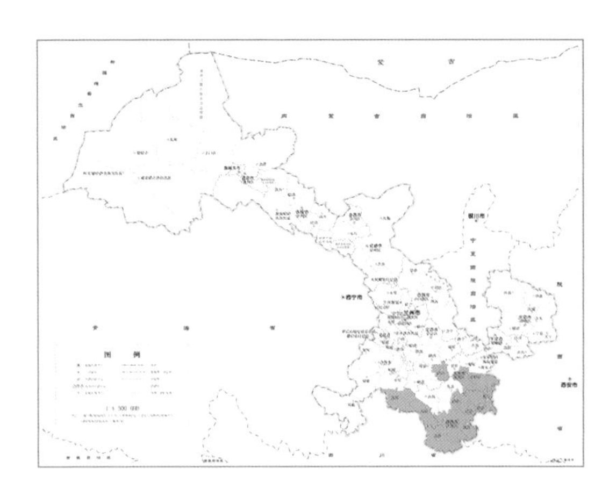

保护级别	IUCN 濒危等级	CITES 附录级别	主管单位
一级	易危	附录Ⅱ	林草部门

名称变化： 在《中国植物志》和《秦岭植物志》中记录为红豆杉 *Taxus chinensis*。

识别要点： 常绿乔木，树皮灰褐色、红褐色或暗褐色，裂成条片脱落。多年生枝黄褐色。叶线形，基部扭转排成两列，微弯或较直，先端常微急尖，上面深绿色，有光泽，下面淡黄绿色，有两条气孔带，中脉带上有密生均匀而微小的圆形角质乳头状突起点，常与气孔带同色。雄球花淡黄色，雄蕊8～14枚。种子生于杯状红色肉质的假种皮中，常呈卵圆形，上部渐窄，微扁或圆，种脐近圆形或宽椭圆形。

生境描述： 生于海拔1400～2000米的针叶林、针阔混交林、竹林及溪边灌丛。

地理分布： 文县、武都区、康县、西和县、成县、徽县、两当县、舟曲县、迭部县、武山县、秦州区、麦积区。

保护原因： 具有重要的科研和经济价值。树皮中含有制备抗癌药物的化合物，人为盗采严重。

南方红豆杉

Taxus wallichiana var. *mairei*

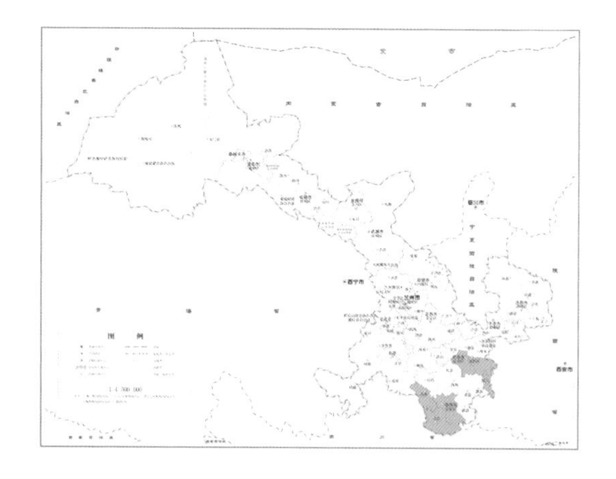

保护级别	IUCN 濒危等级	CITES 附录级别	主管单位
一级	易危	附录Ⅱ	林草部门

名称变化：在《中国植物志》和《秦岭植物志》中记录为南方红豆杉 *Taxus chinensis* var. *mairei*。

识别要点：常绿乔木，树皮灰褐色、红褐色或暗褐色，裂成条片脱落。多年生枝黄褐色。叶线形，基部扭转排成两列，多呈弯镰状，上部微渐窄，先端常微急尖，上面深绿色，有光泽，下面淡黄绿色，有两条气孔带，中脉带上无圆形角质乳头状突起点，或零星分布的块状角质乳突，常与气孔带异色。雄球花淡黄色，雄蕊8～14枚。种子生于杯状红色肉质的假种皮中，常呈倒卵圆形，上部渐窄，微扁或圆，种脐近圆形或宽椭圆形。

生境描述：生于针叶林、针阔混交林、竹林及溪边灌丛中。

地理分布：文县、武都区、两当县、舟曲县、秦州区、麦积区。

保护原因：我国特有的第三纪孑遗树种，对于研究古气候地理和植物区系均有重要价值。树皮中含有制备抗癌药物的化合物，人为盗采严重。

巴山榧树

Torreya fargesii

保护级别	IUCN 濒危等级	CITES 附录级别	主管单位
二级	易危	—	林草部门

识别要点：常绿乔木，树皮深灰色，不规则纵裂。叶常条形，通常直，长1.3～3厘米，宽2～3毫米，先端具刺状短尖头，无明显隆起的中脉，上面亮绿色，下面淡绿色，气孔带较中脉带为窄，绿色边带较宽，约为气孔带的一倍。雄球花卵圆形，基部苞片背部具纵脊，雄蕊常具4个花药。种子卵圆形、圆球形或宽椭圆形，肉质假种皮微被白粉，径约1.5厘米，顶端具小凸尖，基部有宿存的苞片；骨质种皮的内壁平滑；胚乳周围显著向内深皱。花期4～5月，种子9～10月成熟。

生境描述：生于海拔1000～1800米的山地的针叶林、针阔混交林中。

地理分布：文县、武都区、徽县、两当县、成县。

保护原因：我国特有物种，优质木材树种，具有重要的经济价值。

秦岭冷杉

Abies chensiensis

保护级别	IUCN 濒危等级	CITES 附录级别	主管单位
二级	易危	—	林草部门

识别要点：常绿乔木，高达50米。多年生枝淡黄灰色或灰色。叶在枝上排成两列或近两列状，条形，上面深绿色，下面有2条白色气孔带。球果圆柱形或卵状圆柱形，长7～11厘米，直径3～4厘米，近无梗，成熟前绿色，熟时褐色，中部种鳞肾形，鳞背露出部分密生短毛；苞鳞长约种鳞的3/4，不外露，上部近圆形，边缘有细缺齿，中央有短急尖头，中下部近等宽，基部渐窄；种子较种翅为长，倒三角状椭圆形，种翅宽大，倒三角形。

生境描述：生于海拔2000～3000米的山地阴坡的针叶林、针阔混交林中。

地理分布：文县、武都区、康县、宕昌县、徽县、两当县、迭部县、舟曲县、卓尼县、临潭县、岷县、渭源县、麦积区、武山县。

保护原因：我国特有物种，木材树种，具有重要的经济和生态价值。

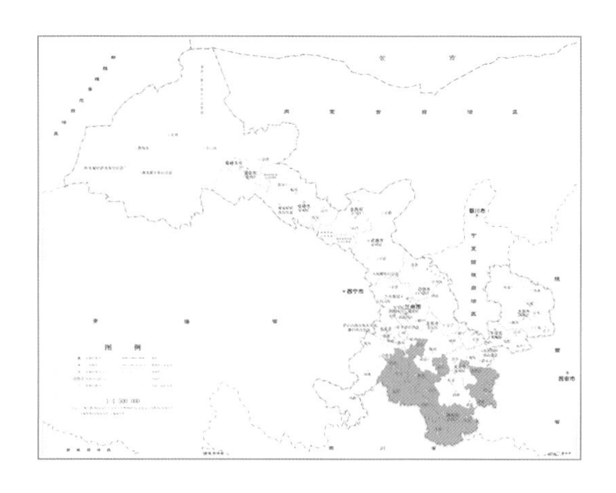

大果青扦

Picea neoveitchii

保护级别	IUCN 濒危等级	CITES 附录级别	主管单位
二级	近危	—	林草部门

识别要点：常绿乔木，高8～15米。树皮灰色，呈鳞块状纵裂。叶片四棱状条形，两侧扁，常弯曲，先端锐尖，四边有气孔线。球果矩圆状圆柱形或卵状圆柱形，长8～14厘米，径宽5～6.5厘米，通常两端窄缩，有树脂，成熟时常淡褐色或褐色；种鳞宽大，宽倒卵状五角形，斜方状卵形或倒三角状宽卵形，先端宽圆或微成三角状，边缘薄，有细缺齿或近全缘，中部种鳞长约2.7厘米，宽2.7～3厘米；苞鳞短小，长约5毫米；种子倒卵圆形，种翅宽大，倒卵状。

生境描述：生于海拔1300～2000米的山地阴坡的针叶林、针阔混交林中。

地理分布：徽县、文县、舟曲县、卓尼县、岷县、漳县、榆中县、天水市。

保护原因：我国特有物种，因破坏严重，残存林木极少，其种鳞宽大，极为特殊，对研究植物区系、云杉属分类和保护物种均有科学意义。木材树种，具有重要的经济和生态价值。

斑子麻黄

Ephedra rhytidosperma

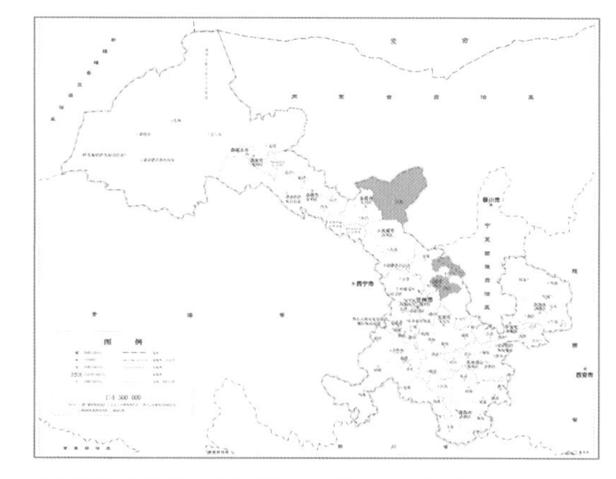

保护级别	IUCN 濒危等级	CITES 附录级别	主管单位
二级	濒危	—	林草部门

名称变化：在《中国植物志》中记录为斑子麻黄 *Ephedra lepidosperma*。

识别要点：矮小灌木，近垫状，高5～15厘米。枝节膨大坚硬，粗厚结状，小枝极细短，在节上密集、假轮生呈辐射状排列。叶膜质鞘状，极细小，长约1毫米。雄球花在节上对生，长2～3毫米，无梗，苞片通常2～13对，雄花的假花被倒卵圆形，雄蕊5～8枚，花丝全部合生，约1/2伸出假花被之外；雌球花单生，苞片常2对，部分合生，雌花通常2朵，胚珠外围的假花被粗糙。种子通常2粒，椭圆状卵圆形、卵圆形或矩圆状卵圆形，较苞片为长，黄棕色，背部中央及两侧边缘有整齐明显的突起纵肋，表皮有横列碎片状细密突起。

生境描述：生于半干旱或干旱的山坡、滩地。

地理分布：靖远县、民勤县。

保护原因：具有重要的经济和生态价值。

被子植物

马蹄香

Saruma henryi

保护级别	IUCN 濒危等级	CITES 附录级别	主管单位
二级	濒危	—	林草部门

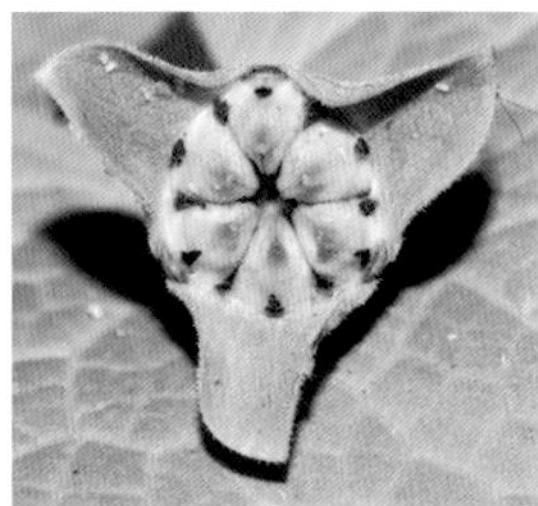

识别要点： 多年生直立草本，茎高50～100厘米，全株被柔毛。叶心形，顶端短渐尖，基部心形；叶柄长3～12厘米。花单生，花梗长2～5.5厘米；花被2轮，萼片心形，基部与子房合生，萼片3枚，卵圆形；花瓣3枚，黄绿色，肾心形，与萼片近等大，基部耳状心形，有爪；雄蕊通常12枚，排成2轮，与花柱近等高，花药长圆形，药隔不伸出；心皮6枚，下部合生，上部离生，花柱不明显，柱头细小，胚珠多数。蒴果蓇葖状，成熟时沿腹缝线开裂。种子三角状倒锥形，背面有细密横纹。花期4～7月。

生境描述： 生于海拔600～1600米的山谷林下和沟边草丛中。

地理分布： 康县、秦州区、麦积区。

保护原因： 我国特有的单种属植物，对于研究植物地理及植物区系有重要价值。生境破坏严重，个体数量下降。

厚朴

Houpoëa officinalis

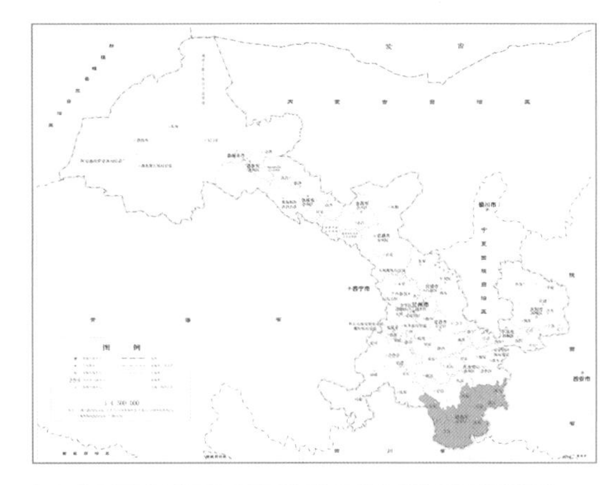

保护级别	IUCN 濒危等级	CITES 附录级别	主管单位
二级	无危	—	林草部门

名称变化：在《中国植物志》中记录为厚朴 *Magnolia officinalis* 和凹叶厚朴 *Magnolia officinalis* subsp. *biloba*。

识别要点：落叶乔木，高达20米。叶近革质，7～9枚聚生于枝端，长圆状倒卵形，长22～45厘米，宽10～24厘米，基部楔形，全缘而微波状，叶背灰绿色，被灰色柔毛，有白粉；叶柄粗壮，长2.5～4厘米，托叶痕长为叶柄的2/3。花后叶开放，白色，单生，花被片9～17枚，厚肉质，径10～15厘米，外轮3枚，淡绿色，内两轮白色，盛开时内轮花被片直立，外轮花被片反卷；花药内向开裂，花丝红色。聚合果长圆状卵圆形，长9～15厘米；蓇葖具长3～4毫米的喙；种子三角状倒卵形。花期5～6月，果期8～10月。

生境描述：生于海拔300～1400米的山地阔叶林间。

地理分布：文县、武都区、西和县、康县、成县、两当县、徽县、舟曲县。

保护原因：我国特有物种，对研究东亚和北美的植物区系及木兰科分类有科学意义，也是我国贵重的药用树种，还具有重要的文化和生态价值。

西康天女花

Oyama wilsonii

保护级别	IUCN 濒危等级	CITES 附录级别	主管单位
二级	易危	—	林草部门

名称变化：在《中国植物志》中记录为西康玉兰 *Magnolia wilsonii*。

识别要点：落叶灌木或小乔木。当年生枝紫红色，初被褐色长柔毛。叶纸质，在枝条上互生，椭圆状卵形，或长圆状卵形，长6.5～12厘米，宽3～8厘米，先端尖，基部常圆；叶柄长1～3厘米，托叶痕几达叶柄全长。花与叶同时开放，白色，花被片多9枚，盛开时直径10～12厘米，花梗下垂；外轮3枚与内两轮近等大，宽匙形或倒卵形；雄蕊两药室分离，药隔顶圆或微凹；花丝红色；雌蕊群绿色，卵状圆柱形，长1.5～2厘米。聚合果下垂，圆柱形，蓇葖具喙；种子倒卵圆形。花期5～6月，果期9～10月。

生境描述：生于海拔1900～3000米的山地阔叶林间。

地理分布：文县。

保护原因：花色美丽，可作为庭园观赏植物，具有重要的文化和生态价值。

峨眉含笑

Michelia wilsonii

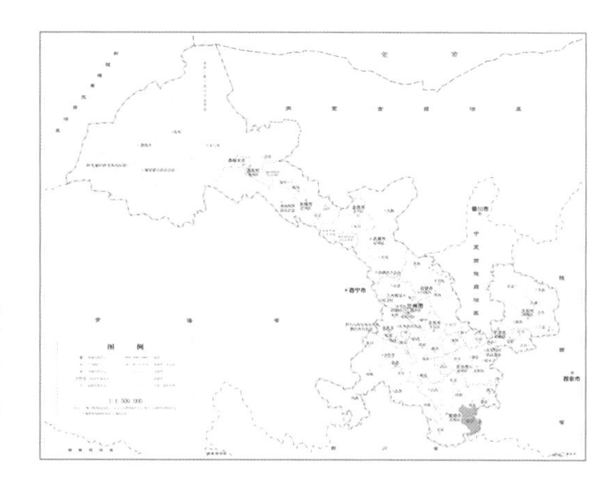

保护级别	IUCN 濒危等级	CITES 附录级别	主管单位
二级	易危	—	林草部门

识别要点：乔木，高可达20米。叶革质，倒卵形、狭倒卵形、倒披针形，长10～15厘米，宽3.5～7厘米，叶脉网状，纤细密致；叶柄长1.5～4厘米，托叶痕长2～4毫米。花黄色，芳香，直径5～6厘米；花被片带肉质，9～12枚，倒卵形或倒披针形，长4～5厘米，宽1～2.5厘米，内轮的较狭小；花药内向开裂，花丝绿色；子房卵状椭圆形，花柱约与子房等长。花梗具2～4枚苞片脱落痕。聚合果长12～15厘米，果托扭曲；蓇葖紫褐色，具灰黄色皮孔，顶端具弯曲短喙，成熟后2瓣开裂。花期3～5月，果期8～9月。

生境描述：生于海拔600～2000米的山地阔叶林间。

地理分布：康县。

保护原因：我国特有的孑遗物种，极小种群保护物种，对于研究木兰科植物的系统发育、植物区系等有科学价值。树形美观，花美丽芳香，可供庭园观赏，具有重要的文化和生态价值。

鹅掌楸

Liriodendron chinense

保护级别	IUCN 濒危等级	CITES 附录级别	主管单位
二级	无危	—	林草部门

识别要点：乔木，高达40米，小枝灰色或灰褐色。叶马褂状，长4～12厘米，近基部每边具1侧裂片，先端具2浅裂，下面苍白色，叶柄长4～8厘米。花杯状，花被片9枚，外轮3枚，绿色，萼片状，向外弯垂，内两轮6枚，直立，花瓣状、倒卵形，长3～4厘米，绿色，具黄色纵条纹，花药长10～16毫米，花丝长5～6毫米，花期时雌蕊群超出花被之上，心皮黄绿色。聚合果长7～9厘米，具翅的小坚果长约6毫米，顶端钝或钝尖，具种子1～2颗。花期5月，果期9～10月。

生境描述：生于海拔900～1000米的山地阔叶林间。

地理分布：甘肃无野生分布，各地公园内有栽培。

保护原因：古老的孑遗植物，本属现仅残存鹅掌楸和北美鹅掌楸两种，成为东亚与北美洲际间断分布的典型实例，对古植物学和植物系统学有重要科研价值。叶形奇特，具有较高的观赏价值。

油樟

Cinnamomum longepaniculatum

保护级别	IUCN 濒危等级	CITES 附录级别	主管单位
二级	近危	—	林草部门

识别要点：乔木，高达20米。树皮灰色，光滑。叶互生，卵形或椭圆形，长6～12厘米，宽3.5～6.5厘米，薄革质，上面深绿色，下面灰绿色，两面无毛，羽状脉，侧脉每边4～5条，侧脉脉腋在上面呈泡状隆起，下面有小腺窝；叶柄长2～3.5厘米，无毛。圆锥花序腋生，多花密集，长9～20厘米，具分枝，末端二歧状，每歧为3～7花的聚伞花序，花序轴无毛；花淡黄色，花被筒倒锥形，花被裂片6枚；能育雄蕊9枚，退化雄蕊3枚，均被柔毛；子房卵珠形，无毛。幼果球形，绿色。花期5～6月，果期7～9月。

生境描述：生于海拔600～2000米的常绿阔叶林间。

地理分布：文县、武都区、徽县、康县。

保护原因：我国特有物种，具有重要的经济和生态价值。

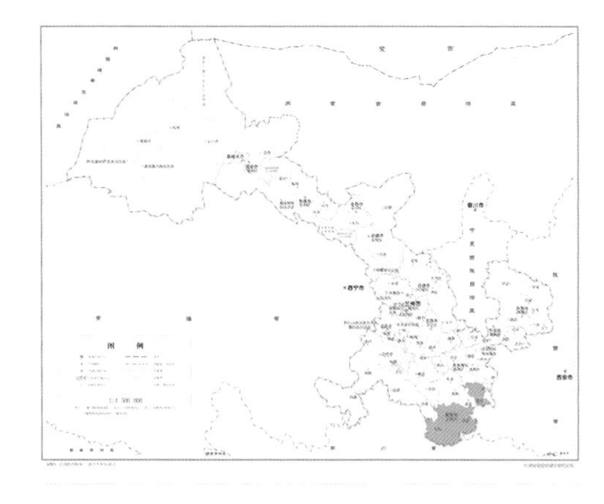

润楠

Machilus nanmu

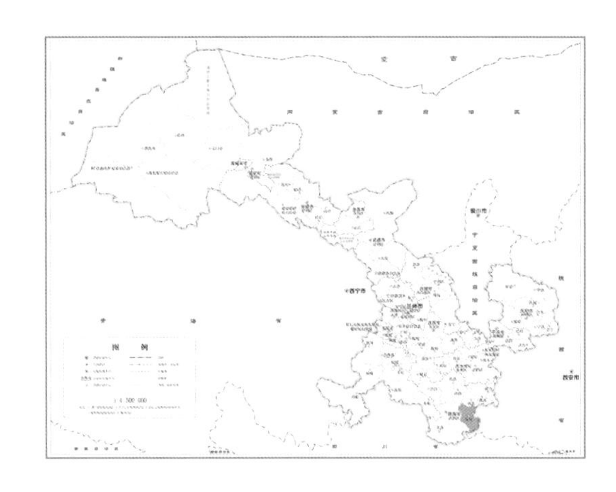

保护级别	IUCN 濒危等级	CITES 附录级别	主管单位
二级	濒危	—	林草部门

名称变化：在《中国植物志》中记录为润楠*Machilus pingii*。

识别要点：乔木，高40米。当年生小枝黄褐色，一年生枝灰褐色，均无毛。叶椭圆形或椭圆状倒披针形，长5～10厘米，宽2～5厘米，上面绿色，无毛，下面有肉眼难辨的贴伏小柔毛；叶柄稍细弱，长10～15毫米，无毛。圆锥花序生于嫩枝基部，4～7个，长5～6.5厘米，在上端分枝，总梗长3～5厘米；花梗纤细，长5～7毫米；花小，带绿色，花被裂片长圆形，外面有绢毛，内面绢毛较疏；子房卵形，花柱纤细，无毛。果扁球形，黑色，直径7～8毫米。花期4～6月，果期7～8月。

生境描述：生于海拔1000米左右的常绿阔叶林间。

地理分布：康县。

保护原因：我国特有物种，具有重要的经济和生态价值。

浮叶慈姑

Sagittaria natans

保护级别	IUCN 濒危等级	CITES 附录级别	主管单位
二级	近危	—	农业部门

识别要点：多年生水生浮叶草本。根状茎匍匐。沉水叶披针形，或叶柄状；浮水叶宽披针形、圆形、箭形，长5～17厘米；叶片有顶裂片与侧裂片之分；叶柄长20～50厘米。花葶高30～50厘米，粗壮，直立，挺水；花单性，稀两性；花序总状，长5～25厘米，具花2～6轮，每轮2～3花，苞片基部多少合生，膜质；雌花1～2轮，花梗长0.6～1厘米，心皮多数，密集呈球形；雄花多轮，雄蕊多数，不等长。瘦果两侧压扁，背翅边缘不整齐，斜倒卵形。花果期6～9月。

生境描述：生于池塘、水甸子、小溪及沟渠等静水或缓流水体中。

地理分布：有标本记录，地点不详。

保护原因：重要的种质资源，具有重要的经济价值。

芒苞草

Acanthochlamys bracteata

保护级别	IUCN 濒危等级	CITES 附录级别	主管单位
二级	易危	—	林草部门

识别要点：多年生直立草本，植株高1.5～5厘米，密丛生。叶近直立，长2.5～7厘米，宽约0.3毫米，腹背面均具一纵沟，老叶则多少中空；鞘披针形，浅棕色。聚伞花序缩短成头状，通常具2～5朵花；苞片叶状，均具鞘，在花序基部的2枚略大，其余的稍小；鞘先端有一须状附属物，背面有芒，芒长约1厘米；花红色或紫红色，每花有8～18枚膜质、半透明的小苞片；子房长圆形。蒴果顶端海绵质且呈白色，喙长约1毫米。花期6月，果期8月。

生境描述：生于海拔2700～3500米草地上或开旷灌丛中。

地理分布：玛曲县。

保护原因：我国特有的单种属植物，具有重要的科学研究价值。分布区狭窄，数量稀少。

金线重楼

Paris delavayi

保护级别	IUCN 濒危等级	CITES 附录级别	主管单位
二级	易危	—	农业部门

识别要点：多年生草本，茎高20～150厘米，根茎粗壮，长达20厘米，粗达7.5厘米。叶4～6枚，叶片膜质，绿色，披针形或长圆状披针形，先端短渐尖，基部圆形至宽楔形，长10～26厘米，宽5～17厘米。外轮花被3～5枚，紫绿色或绿色，狭披针形，内轮花被片深紫色，通常比外轮短得多；雄蕊8～10枚，花丝紫色，较花药短，药隔突出部分紫色，长1～5毫米；子房1室，侧膜胎座4～7个，柱头4～7枚。蒴果黄红色，种子近球形，外种皮红色，多汁，完全包住种子。花期5～6月，果期10～12月。

生境描述：生于海拔1300～2000米的常绿阔叶林下荫处。

地理分布：徽县。

保护原因：具有重要的药用价值。

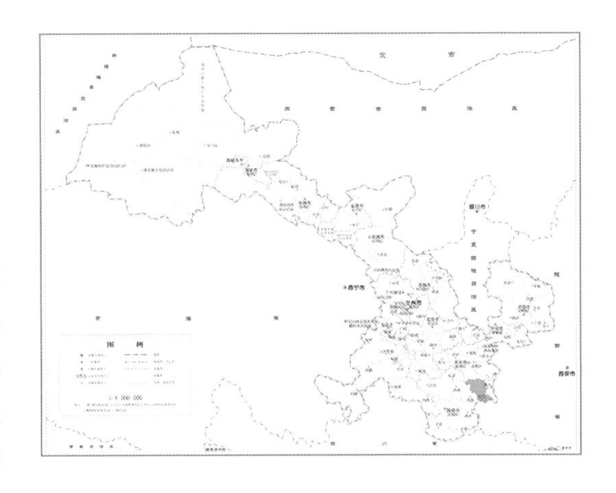

具柄重楼

Paris fargesii var. *petiolata*

保护级别	IUCN 濒危等级	CITES 附录级别	主管单位
二级	濒危	—	农业部门

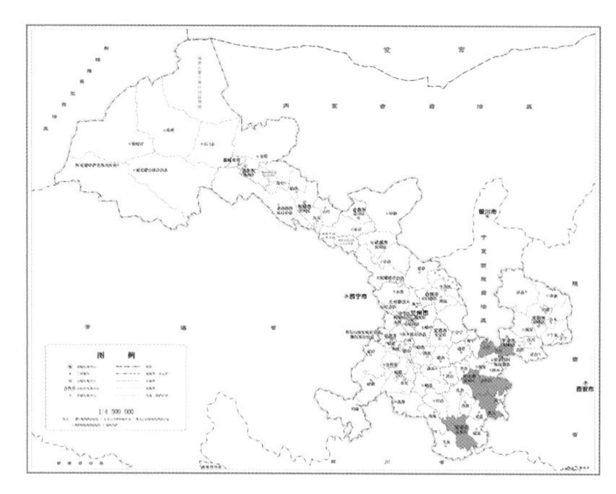

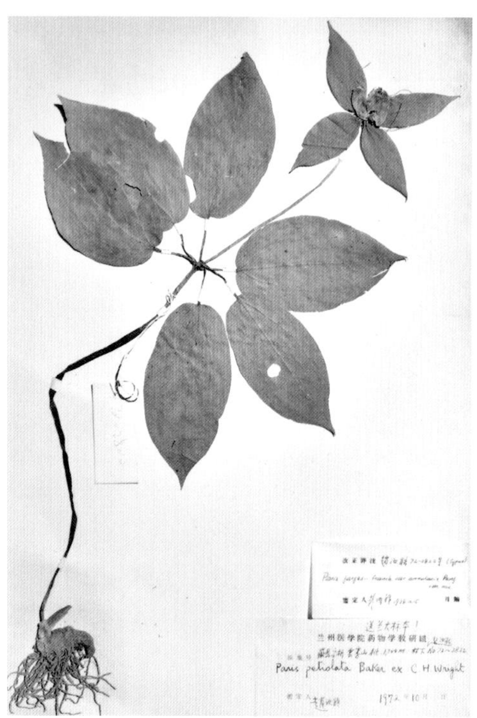

识别要点：多年生草本，植株高50～100厘米，无毛。根状茎粗厚，直径达1～2厘米。叶3～6枚，叶为宽卵形，长9～20厘米，宽4.5～14厘米，先端短尖，基部近圆形，极少为心形；叶柄长2～4厘米。花梗长20～40厘米；外轮花被片通常5枚，极少3～4枚，卵状披针形，先端具长尾尖，基部变狭成短柄；内轮花被片通常长4.5～5.5厘米；雄蕊12枚，长1.2厘米，花丝长1～2毫米，花药短条形，稍长于花丝，药隔突出部分小头状，肉质，长1～2毫米，呈紫褐色。花期6月。

生境描述：生于海拔1300～1800米的阔叶林下荫处。

地理分布：华亭市、庄浪县、天水市、陇南市。

保护原因：具有重要的药用价值。

七叶一枝花

Paris polyphylla

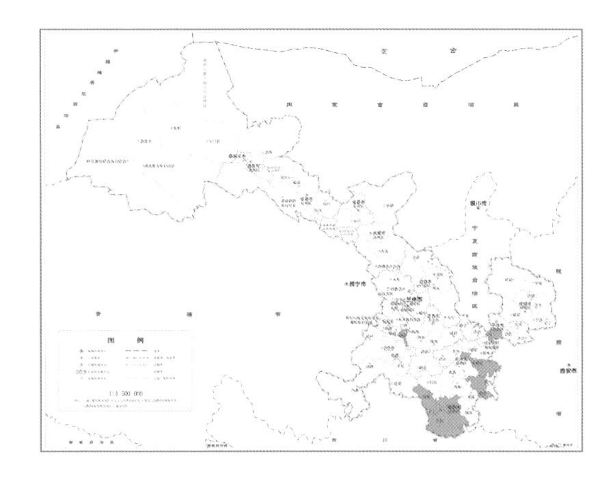

保护级别	IUCN 濒危等级	CITES 附录级别	主管单位
二级	近危	—	农业部门

识别要点：多年生草本，植株高35～100厘米，无毛。根状茎粗厚。叶5～10枚，矩圆形、椭圆形或倒卵状披针形，长7～15厘米，宽2.5～5厘米，先端尖，基部圆形或宽楔形；叶柄明显，长2～6厘米，带紫红色。花梗长5～16厘米；外轮花被片绿色，3～6枚，狭卵状披针形，长4.5～7厘米；内轮花被片狭条形，通常比外轮长；雄蕊8～12枚，花药通常长0.8～1.2厘米，与花丝近等长或稍长，药隔突出部分长0.5～1毫米；子房近球形，花柱粗短，具4～5分枝。蒴果紫色，3～6瓣裂开。种子多数，具鲜红色多浆汁的外种皮。花期4～7月，果期8～11月。

生境描述：生于海拔1800～3200米的阔叶林中。

地理分布：康乐县、华亭市、文县、徽县、武都区、舟曲县、麦积区。

保护原因：具有重要的药用价值。

华重楼

Paris polyphylla var. *chinensis*

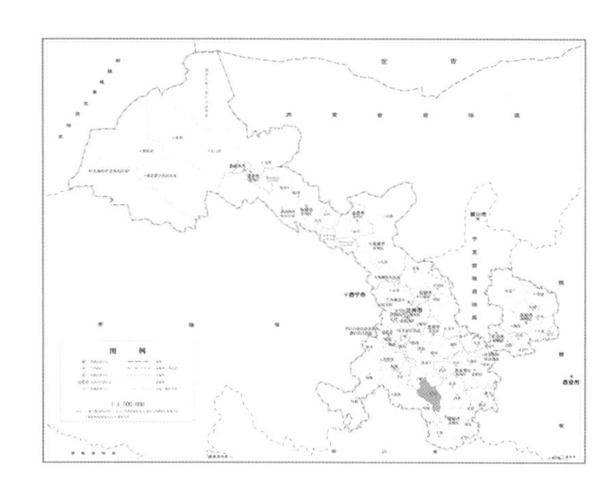

保护级别	IUCN 濒危等级	CITES 附录级别	主管单位
二级	易危	—	农业部门

识别要点：多年生草本，植株高35～100厘米，无毛。根状茎粗厚。叶通常7枚，倒卵状披针形、矩圆状披针形或倒披针形，长7～15厘米，宽2.5～5厘米，先端尖，基部通常楔形；叶柄明显，带紫红色。花梗长5～16厘米；外轮花被片绿色，3～6枚，狭卵状披针形；内轮花被片狭条形，长为外轮的1/3至近等长；雄蕊8～12枚，花药长1.2～1.5(～2)厘米，长为花丝的3～4倍，药隔突出部分长1～1.5毫米；子房近球形，花柱粗短，具4～5分枝。蒴果紫色，3～6瓣裂开。种子多数，具鲜红色多浆汁的外种皮。花期4～7月，果期8～11月。

生境描述：生于海拔600～1400米阔叶林下荫处或沟谷边的草丛中。

地理分布：宕昌县。

保护原因：具有重要的药用价值。

宽叶重楼

Paris polyphylla var. *latifolia*

保护级别	IUCN 濒危等级	CITES 附录级别	主管单位
二级	无危	—	农业部门

识别要点：多年生草本，植株高35～100厘米，无毛。根状茎粗厚。叶8～13枚，倒卵状披针形或宽披针形，长12～15厘米，宽2～6厘米，先端渐尖，基部楔形。花梗长5～16厘米；外轮花被片叶状，5～7枚，狭披针形或卵状披针形；内轮花被片狭条形，远比外轮花被片长；雄蕊7～14枚，花药与花丝近等长，药隔突出部分长0.5～1毫米；子房近球形，花柱粗短，具4～5分枝。幼果外面有疣状突起，成熟后更明显，蒴果紫色，3～6瓣裂开。种子多数，具鲜红色多浆汁的外种皮。花期4～7月，果期8～11月。

生境描述：生于海拔1000～2300米的阔叶林下或草丛阴湿处。

地理分布：舟曲县、宕昌县、文县、天水市、漳县、崆峒区。

保护原因：具有重要的药用价值。

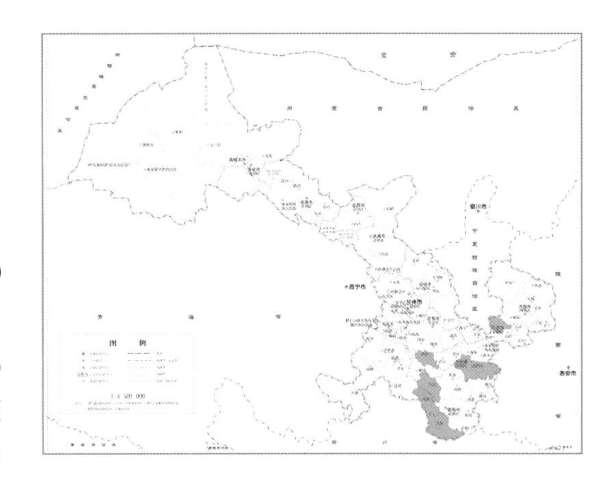

狭叶重楼

Paris polyphylla var. *stenophylla*

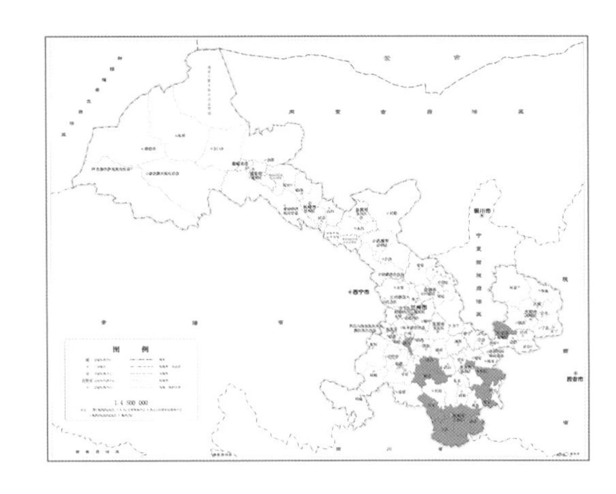

保护级别	IUCN 濒危等级	CITES 附录级别	主管单位
二级	近危	—	农业部门

识别要点：多年生草本，植株高35～100厘米，无毛。根状茎粗厚。叶8～13(～22)枚，披针形、倒披针形或条状披针形，长5.5～19厘米，通常宽1.5～2.5厘米，很少为3～8毫米，先端渐尖，基部楔形；具短叶柄，带紫红色。外轮花被片叶状，5～7枚，狭披针形或卵状披针形；内轮花被片狭条形，远比外轮花被片长；雄蕊7～14枚，花药与花丝近等长，药隔突出部分长0.5～1毫米；子房近球形，花柱粗短，具4～5分枝。蒴果紫色，3～6瓣裂开。种子多数，具鲜红色多浆汁的外种皮。花期4～7月，果期8～11月。

生境描述：生于海拔1000～2700米的阔叶林下或草丛阴湿处。

地理分布：崆峒区、徽县、康县、文县、武都区、康乐县、舟曲县、麦积区、定西市。

保护原因：具有重要的药用价值。

黑籽重楼

Paris thibetica

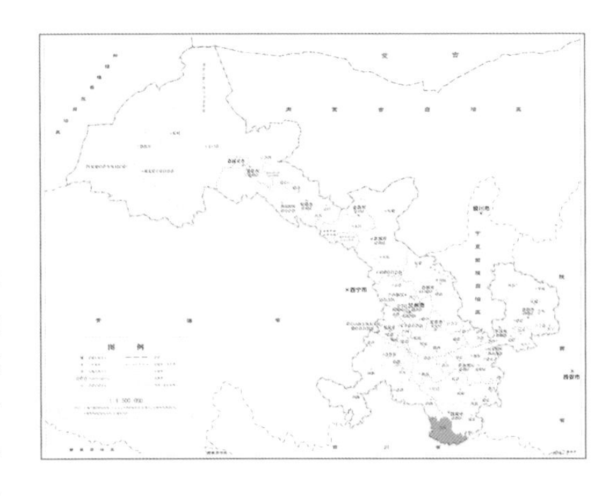

保护级别	IUCN 濒危等级	CITES 附录级别	主管单位
二级	近危	—	农业部门

识别要点：多年生草本，根状茎粗厚，长达12厘米，粗0.5～1.5厘米。叶7～12枚，线形、线状长圆形或披针形，先端长渐尖，基部楔形，长6.5～15厘米，宽1～1.6厘米，通常无柄或具短柄。外轮花被4或5枚，绿色，披针形或狭；内轮花被片无或狭线形，通常等于或长于外轮，且不下垂，边缘不具波状。雄蕊2轮，8～12枚，花丝淡绿色，药隔突出部分很长，淡绿色，长8～27毫米；子房长圆锥形，明显具棱；花柱基紫色，1室，柱头4～6枚，绿色。果实近球形，种子多数。花期4月，果期6月。

生境描述：生于常绿阔叶林下、针阔混交林及灌丛中。

地理分布：文县。

保护原因：具有重要的药用价值。

文县重楼

Paris wenxianensis

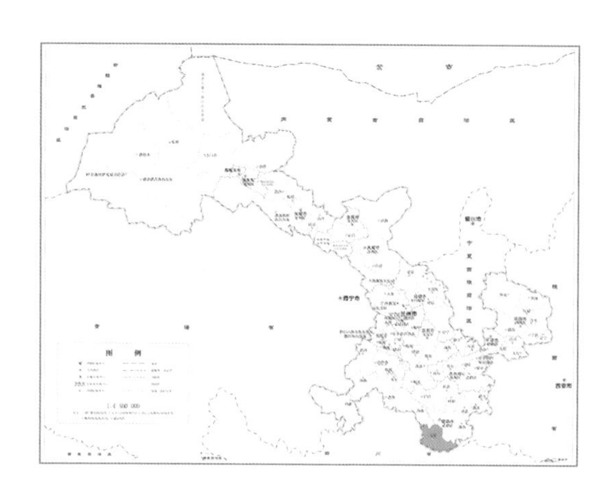

保护级别	IUCN 濒危等级	CITES 附录级别	主管单位
二级	极危	—	农业部门

识别要点：多年生草本，全株被短柔毛，高60～100厘米。根状茎粗厚，长4～6厘米，粗1.2～2厘米。茎密被短柔毛。叶10～13枚；叶柄非常短；叶片椭圆状披针形，长14～19厘米，宽2.5～5.5厘米，基部楔形。花梗14～25厘米，被短柔毛。外轮花被片6枚，绿色，披针形，长5.5～9.5厘米，宽1.2～2厘米；内轮花被片黄绿色，线形，明显短于外轮花被片。雄蕊12枚，花丝长于花药；药隔突出部分长达13～16毫米，先端锐尖；子房黄绿色或浅紫色，近球形，1室；花柱短，柱头6枚。蒴果略带紫色的绿色。花期4～7月，果期8月。

生境描述：生于海拔1900～2400米常绿阔叶林下、针阔混交林及灌丛内。

地理分布：文县。

保护原因：甘肃特有物种，具有重要的药用价值。

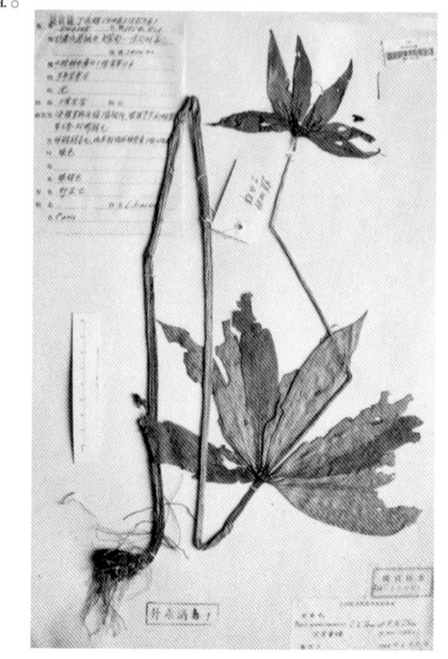

荞麦叶大百合

Cardiocrinum cathayanum

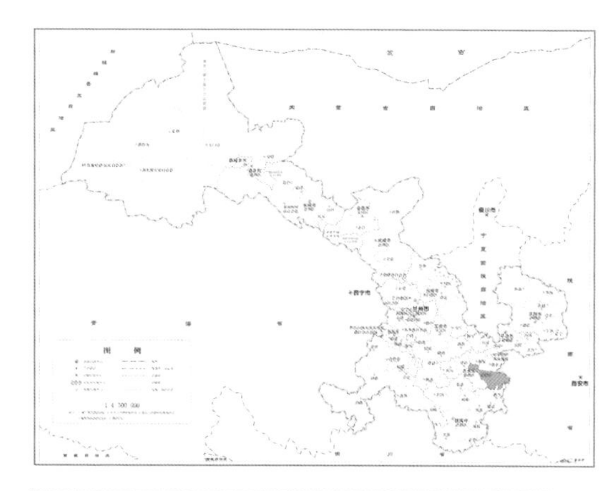

保护级别	IUCN 濒危等级	CITES 附录级别	主管单位
二级	无危	—	农业部门

识别要点：多年生草本，茎高50～150厘米，具小鳞茎。叶纸质，具网状脉，卵状心形，先端急尖，基部近心形，长10～22厘米，宽6～16厘米；叶柄长6～20厘米，基部扩大。总状花序有花3～5朵，每花具一枚苞片，苞片矩圆形；花梗短而粗；花狭喇叭形，乳白色或淡绿色，内具紫色条纹；花被片条状倒披针形，长13～15厘米，宽1.5～2厘米，外轮先端急尖，内轮先端稍钝；花丝长为花被片的2/3；子房圆柱形，柱头膨大，微3裂。蒴果近球形，红棕色。种子扁平，红棕色，周围有膜质翅。花期7～8月，果期8～9月。

生境描述：生于海拔600～1000米的山坡林下阴湿处。

地理分布：麦积区。

保护原因：我国特有物种，观赏花卉的种质资源。人为采挖严重，种群下降明显。

川贝母

Fritillaria cirrhosa

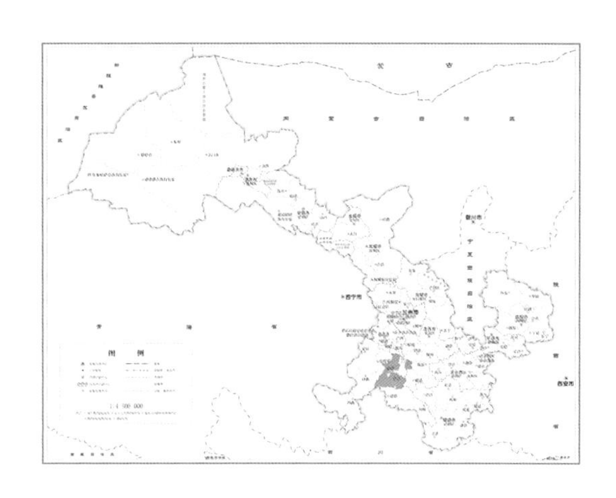

保护级别	IUCN 濒危等级	CITES 附录级别	主管单位
二级	近危	—	农业部门

识别要点： 多年生草本，植株高15～50厘米。鳞茎由2枚鳞片组成。叶7～11枚，通常对生，条形至条状披针形，长4～12厘米，宽3～10毫米，先端稍卷曲或不卷曲。花通常单朵，极少2～3朵，紫色至黄绿色，通常有小方格，少数仅具斑点或条纹；每花有3枚叶状苞片，苞片狭长，宽2～4毫米；花被片长3～4厘米，蜜腺窝在背面明显凸出；雄蕊长约为花被片的3/5，花药近基着，花丝稍具或不具小乳突，柱头裂片长3～5毫米。蒴果有狭翅。花期5～7月，果期8～10月。

生境描述： 生于海拔3200～4600米的林中、灌丛、草地、河滩、山谷等湿地或岩缝中。

地理分布： 卓尼县。

保护原因： 具有重要的药用价值。人为采挖严重。

甘肃贝母

Fritillaria przewalskii

保护级别	IUCN 濒危等级	CITES 附录级别	主管单位
二级	易危	—	农业部门

识别要点：多年生草本，植株高20～40厘米。鳞茎由2枚鳞片组成，直径6～13毫米。叶通常最下面的2枚对生，上面的2～3枚散生，条形，长3～7厘米，宽3～4毫米，先端通常不卷曲。花通常单朵，少有2朵，浅黄色，有黑紫色斑点；叶状苞片1枚，先端稍卷曲或不卷曲；花被片长2～3厘米，内三片宽6～7毫米，蜜腺窝不很明显；雄蕊长约为花被片的1/2；花药近基着，花丝具小乳突；柱头裂片通常很短，长不及1毫米。蒴果具窄狭翅，宽约1毫米。花期6～7月，果期8月。

生境描述：生于海拔2800～4400米灌丛中或草地上。

地理分布：永登县、榆中县、临潭县、舟曲县、玛曲县、迭部县、夏河县、碌曲县、卓尼县、漳县、临夏县。

保护原因：我国特有物种，具有重要的药用价值。人为采挖严重。

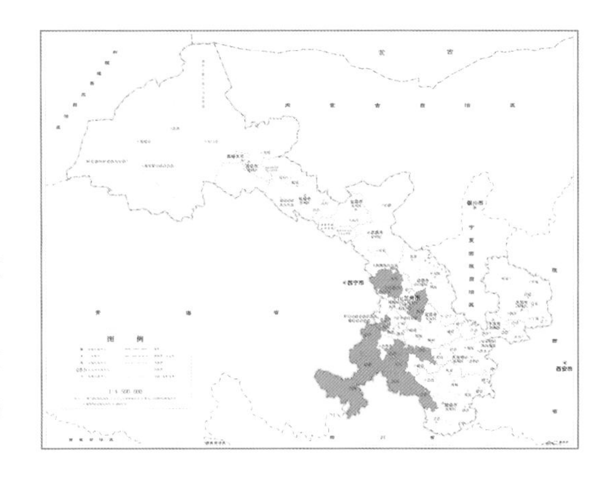

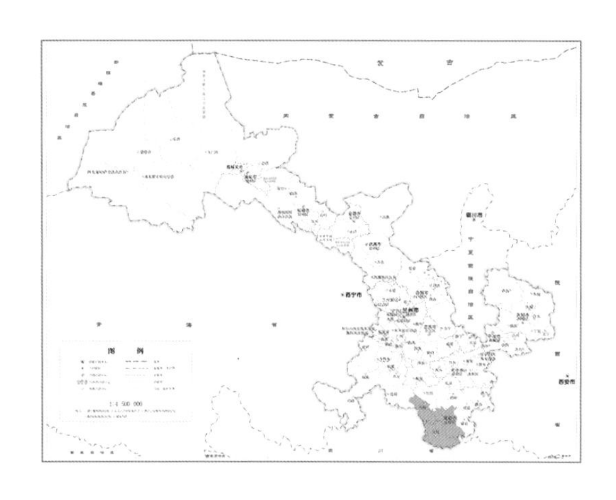

华西贝母

Fritillaria sichuanica

保护级别	IUCN 濒危等级	CITES 附录级别	主管单位
二级	易危	—	农业部门

名称变化：《中国植物志》中记录为康定贝母 *Fritillaria cirrhosa* var. *ecirrhosa*；*Flora of China* 将甘肃有分布的舟曲贝母 *Fritillaria taipaiensis* var. *zhouquensis*、文县贝母 *Fritillaria wenxianensis*、西北贝母 *Fritillaria xibeiensis* 并入本种。

识别要点：多年生草本，植株高20～32厘米。2～3枚鳞茎，卵球状球形。叶片线形到线状披针形，长3～14厘米，宽2～8毫米，先端不卷曲。花序1～3花；苞片单生；花下垂，钟状；花梗0.8～2.5厘米，花被片黄绿色，蜜腺卵形到长圆形，稍微在背面凸出；雄蕊1.5～2.5厘米；花丝无毛或具小乳突；花柱3裂；裂片2～4毫米，蒴果具狭翅。花期5～6月，果期8～10月。

生境描述：生于海拔2000～4000米的山坡灌丛。

地理分布：舟曲县、武都区、文县。

保护原因：具有重要的药用价值。人为采挖严重。

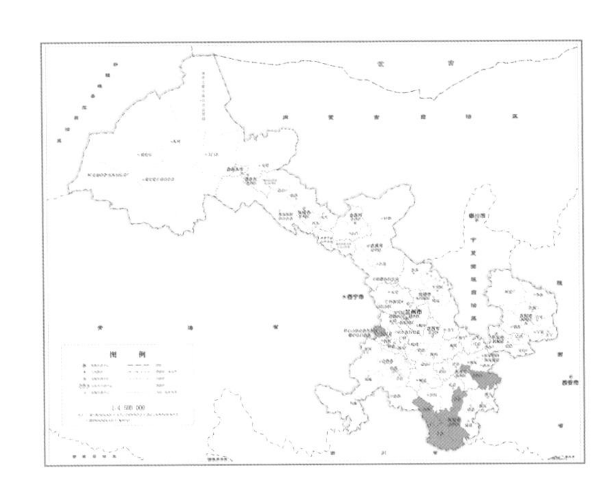

太白贝母

Fritillaria taipaiensis

保护级别	IUCN 濒危等级	CITES 附录级别	主管单位
二级	濒危	—	农业部门

识别要点：多年生草本，植株高30～40厘米。鳞茎由2枚鳞片组成。叶通常对生，条形至条状披针形，长5～10厘米，宽3～7毫米，先端通常不卷曲。花单朵，绿黄色，无方格斑，通常仅在花被片先端近两侧边缘有紫色斑带；每花有3枚叶状苞片，苞片先端有时稍弯曲，但不卷曲；花被片长3～4厘米，外三片狭倒卵状矩圆形；内三片近匙形，先端骤凸而钝，蜜腺窝几不凸出或稍凸出；花药近基着，花丝通常具小乳突；花柱分裂部分长3～4毫米。蒴果具狭翅。花期5～6月，果期6～7月。

生境描述：生于海拔2000～3200米的山坡草丛中或水边。

地理分布：麦积区、积石山县、文县、武都区、西和县、舟曲县。

保护原因：我国特有物种，具有重要的药用价值。人为采挖严重。

暗紫贝母

Fritillaria unibracteata

保护级别	IUCN 濒危等级	CITES 附录级别	主管单位
二级	濒危	—	农业部门

识别要点： 多年生草本，植株高15～23厘米。鳞茎由2枚鳞片组成。叶在下面的1～2对为对生，上面的1～2枚散生或对生，条形或条状披针形，长3.6～5.5厘米，宽3～5毫米，先端不卷曲。花单朵，深紫色，有黄褐色小方格；叶状苞片1枚，先端不卷曲；花被片长2.5～2.7厘米；蜜腺窝稍凸出或不很明显；雄蕊长约为花被片的1/2，花药近基着，花丝具或不具小乳突；柱头裂片很短。蒴果具窄狭翅，宽约1毫米。花期6月，果期8月。

生境描述： 生于海拔3200～4500米的灌丛中或草地上。

地理分布： 玛曲县、迭部县。

保护原因： 我国特有物种，具有重要的药用价值。

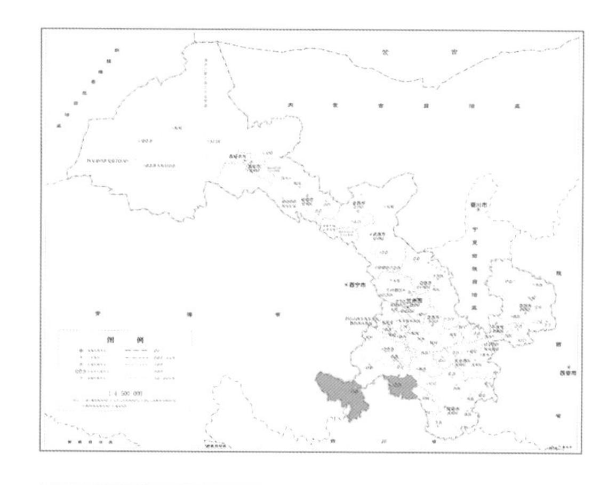

榆中贝母

Fritillaria yuzhongensis

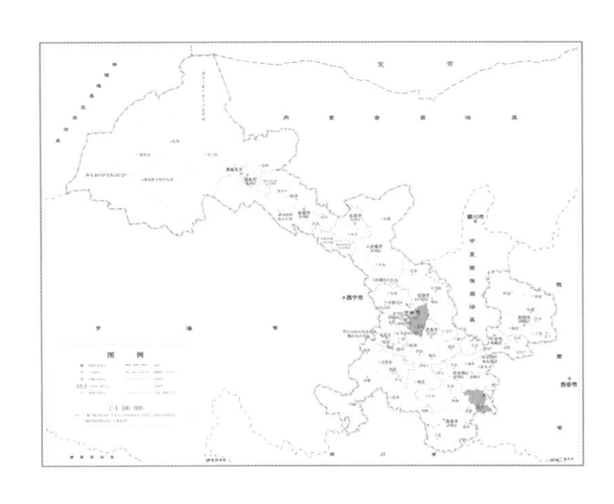

保护级别	IUCN 濒危等级	CITES 附录级别	主管单位
二级	濒危	—	农业部门

识别要点：多年生草本，茎高20～50厘米，无毛。鳞茎由2或3枚肉质粉状鳞片组成，无鳞芽，卵球形。叶6～9枚，线形到狭披针形，长3～8厘米，宽2～6毫米，基部对生，其他互生或近对生。花1或2朵；苞片3枚，线形至线状披针形，先端卷曲；花下垂，钟状，无毛；花被片黄绿色，稍镶嵌紫色方格，近圆形至近卵形，长2～4厘米，宽0.6～1.8厘米；蜜腺近圆形，明显背面突出；雄蕊长1.2～2.4厘米，花丝大多无乳突；花柱3裂，裂片2～4毫米。蒴果稍具翼。花期6月。

生境描述：生于海拔1800～3500米的山坡灌丛中。

地理分布：徽县、榆中县。

保护原因：我国特有物种，具有重要的药用价值。

绿花百合

Lilium fargesii

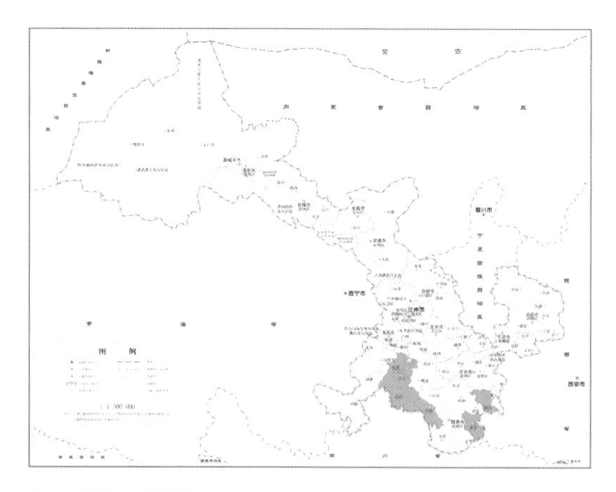

保护级别	IUCN 濒危等级	CITES 附录级别	主管单位
二级	近危	—	农业部门

识别要点：多年生草本，茎高20～70厘米。鳞茎卵形，直径1.5厘米，鳞片披针形，白色；茎上部叶腋间无珠芽。叶散生，条形，生于中上部，长10～14厘米，宽2.5～5毫米，先端渐尖，边缘反卷，两面无毛。花单生或数朵排成总状花序；苞片叶状，长2.3～2.5厘米；花梗长4～5.5厘米，先端稍弯；花下垂，绿白色，有稠密的紫褐色斑点；花被片披针形，反卷，蜜腺两边有鸡冠状突起；花丝无毛，花药长矩圆形，橙黄色；子房圆柱形；柱头稍膨大，3裂。蒴果矩圆形。花期7～8月，果期9～10月。

生境描述：生于海拔1400～2300米的阔叶林、针阔混交林下或灌丛中。

地理分布：徽县、康县、甘南州。

保护原因：我国特有物种，具有重要的经济价值。

白及

Bletilla striata

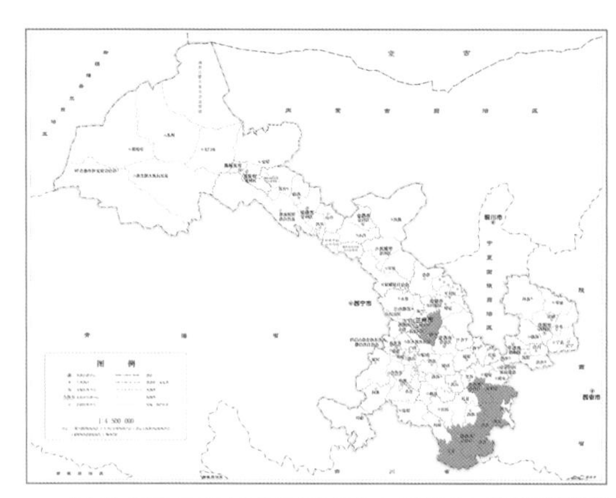

保护级别	IUCN 濒危等级	CITES 附录级别	主管单位
二级	濒危	附录Ⅱ	农业部门

识别要点：多年生草本，植株高18～60厘米。假鳞茎扁球形，上面具荸荠似的环带，富黏性。叶4～6枚，狭长圆形或披针形，长8～29厘米，宽1.5～4厘米，先端渐尖，基部收狭成鞘并抱茎。花序具3～10朵花，常不分枝；花苞片开花时常凋落；花大，紫红色或粉红色；萼片和花瓣近等长；花瓣较萼片稍宽；唇瓣较萼片和花瓣稍短，白色带紫红色，具紫色脉；唇盘上面具5条纵褶片，从基部伸至中裂片近顶部，仅在中裂片上面为波状；蕊柱长18～20毫米，柱状，具狭翅，稍弓曲。花期4～5月。

生境描述：生于海拔800～1800米的常绿阔叶林、栎树林、针叶林下或路边草丛、岩石缝中。

地理分布：文县、成县、康县、徽县、武都区、榆中县、天水市。

保护原因：具有重要的药用价值。人为采挖严重。

独花兰

Changnienia amoena

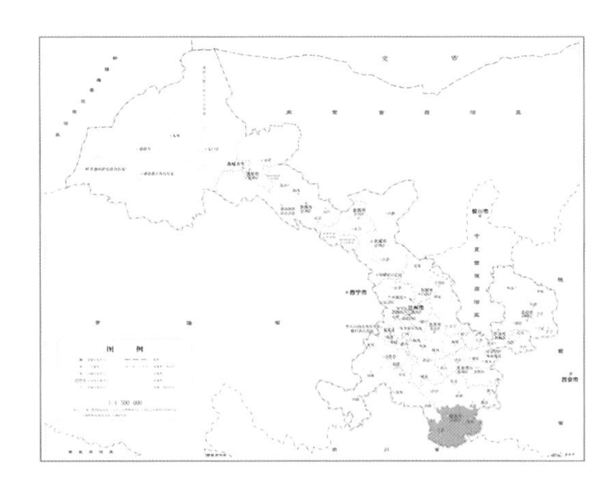

保护级别	IUCN 濒危等级	CITES 附录级别	主管单位
二级	濒危	附录Ⅱ	林草部门

识别要点：多年地生草本，地下具肉质假鳞茎。叶1枚，生于假鳞茎顶端，椭圆形至宽卵形，基部骤然收狭，有长柄。花葶自假鳞茎顶端发出，有2枚鞘；花单生花葶顶端，较大；萼片与花瓣离生，展开；3枚萼片相似；花瓣较萼片宽而短，白色带肉红色或淡紫色晕，唇瓣有紫红色斑点，3裂，基部有距；距较粗大，向末端渐狭，近角形；蕊柱近直立，两侧有翅；花粉团4个，成2对，蜡质，黏着于近方形的黏盘上；蕊柱长1.8～2.1厘米，两侧有宽翅。花期4月。

生境描述：生于疏林下腐殖质丰富的土壤或沿山谷荫蔽处。

地理分布：文县、武都区、康县。

保护原因：我国特有的单种属植物，具有重要的经济和研究价值。

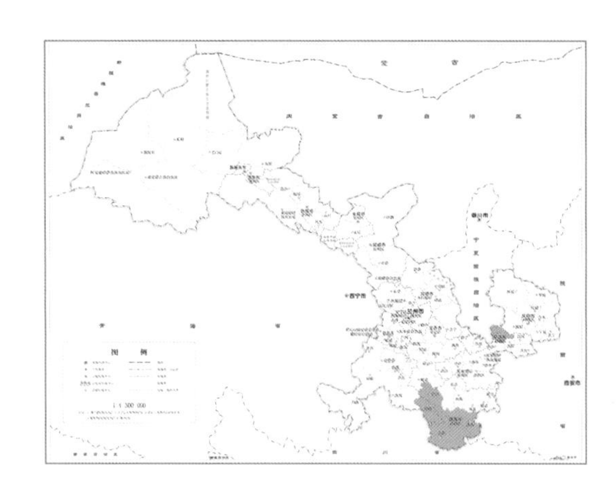

杜鹃兰

Cremastra appendiculata

保护级别	IUCN 濒危等级	CITES 附录级别	主管单位
二级	近危	附录Ⅱ	林草部门

识别要点： 多年地生草本，假鳞茎卵球形或近球形，密接，有关节。叶通常1枚，狭椭圆形、近椭圆形或倒披针状狭椭圆形。总状花序，具5～22朵花；花苞片披针形至卵状披针形；花狭钟形，淡紫褐色；萼片倒披针形，侧萼片略斜歪；花瓣倒披针形或狭披针形，向基部收成狭线形；唇瓣与花瓣近等长，线形，上部1/4处3裂；侧裂片近线形；中裂片卵形至狭长圆形；蕊柱细长；花粉团4个，成2对，蜡质。蒴果近椭圆形。花期5～6月，果期9～12月。

生境描述： 生于海拔500～3000米的林下湿地或沟边湿地。

地理分布： 文县、康县、宕昌县、武都区、舟曲县、崆峒区。

保护原因： 具有重要的经济价值。

建兰

Cymbidium ensifolium

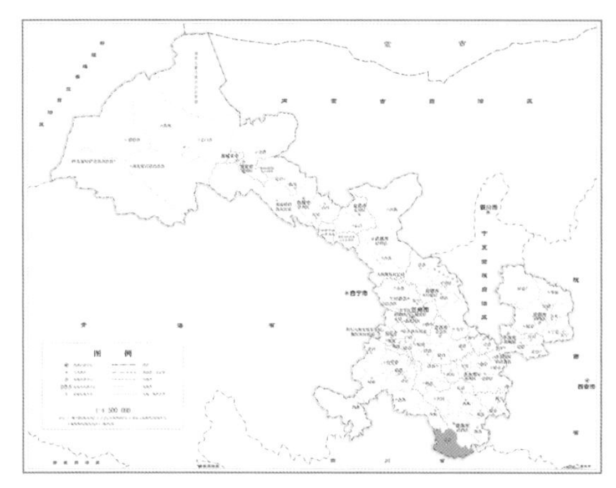

保护级别	IUCN 濒危等级	CITES 附录级别	主管单位
二级	易危	附录Ⅱ	林草部门

识别要点：多年地生草本，假鳞茎卵球形，包藏于叶基之内。叶多2～4枚，带形，有光泽，长30～60厘米，宽1～1.5厘米。花葶从假鳞茎基部发出，直立，一般短于叶；总状花序多具3～9朵花；中上部花苞片一般不及花梗和子房长度的1/3；花常有香气，色泽变化较大；萼片近狭长圆形或狭椭圆形；侧萼片常向下斜展；花瓣狭椭圆形或狭卵状椭圆形；唇瓣近卵形，略3裂；蕊柱长1～1.4厘米，两侧具狭翅；花粉团4个，成2对，宽卵形。蒴果狭椭圆形。花期通常为6～10月。

生境描述：生于疏林下、灌丛中、山谷旁或草丛中。

地理分布：文县。

保护原因：传统文化及科研中具有重要价值。人为采挖严重。

蕙兰

Cymbidium faberi

保护级别	IUCN 濒危等级	CITES 附录级别	主管单位
二级	无危	附录Ⅱ	林草部门

识别要点：多年地生草本，假鳞茎不明显。叶5～8枚，带形，直立性强，长25～80厘米，宽7～12毫米，叶脉透亮，边缘常有粗锯齿。花葶从叶丛基部最外面的叶腋抽出，近直立或稍外弯；总状花序具5～11朵或更多的花；花苞片线状披针形，中上部苞片长于花梗和子房，至少超过1/3以上；花常为浅黄绿色，唇瓣有紫红色斑；花瓣与萼片相似，常略短而宽；唇瓣长圆状卵形，3裂；蕊柱长1.2～1.6厘米，两侧有狭翅；花粉团4个，成2对，宽卵形。蒴果近狭椭圆形。花期3～5月。

生境描述：生于海拔700～3000米湿润但排水良好的透光处。

地理分布：文县、康县、舟曲县。

保护原因：传统文化及科研中具有重要价值。人为采挖严重。

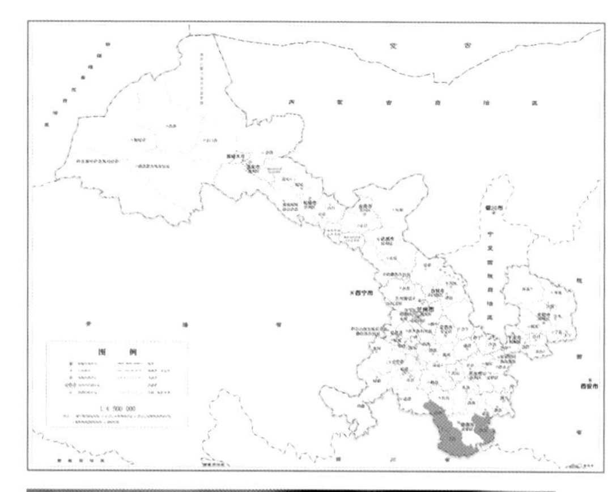

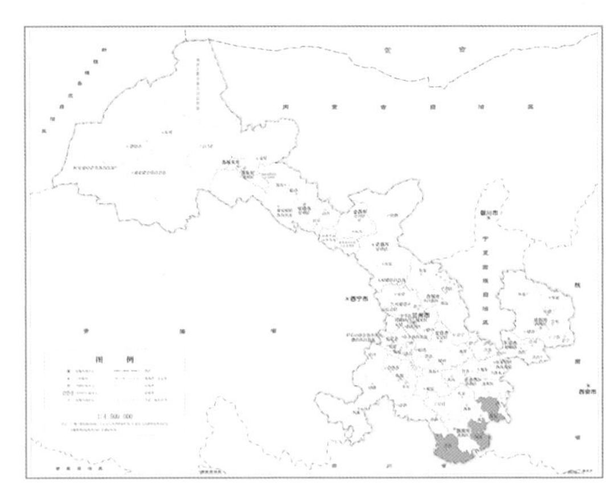

春兰

Cymbidium goeringii

保护级别	IUCN 濒危等级	CITES 附录级别	主管单位
二级	易危	附录Ⅱ	林草部门

识别要点： 多年地生草本，假鳞茎较小，明显，卵球形，包藏于叶基内。叶4～7枚，带形，长20～40厘米，宽5～9毫米，边缘无齿或具细齿，叶脉不透明。花葶从假鳞茎基部外侧叶腋中抽出，直立，明显短于叶；单花，稀2朵；花苞片长而宽，一般长4～5厘米，多少围抱子房，花梗和子房长2～4厘米；花色变化大，萼片近长圆形至长圆状倒卵形；花瓣倒卵状椭圆形至长圆状卵形，与萼片近等宽；唇瓣近卵形，不明显3裂；蕊柱长1.2～1.8厘米，两侧有宽翅；花粉团4个，成2对。蒴果狭椭圆形。花期1～3月。

生境描述： 生于海拔300～2300米的多石山坡、林缘、林中透光处。

地理分布： 文县、康县、徽县。

保护原因： 传统文化及科研中具有重要价值。人为采挖严重。

无苞杓兰

Cypripedium bardolphianum

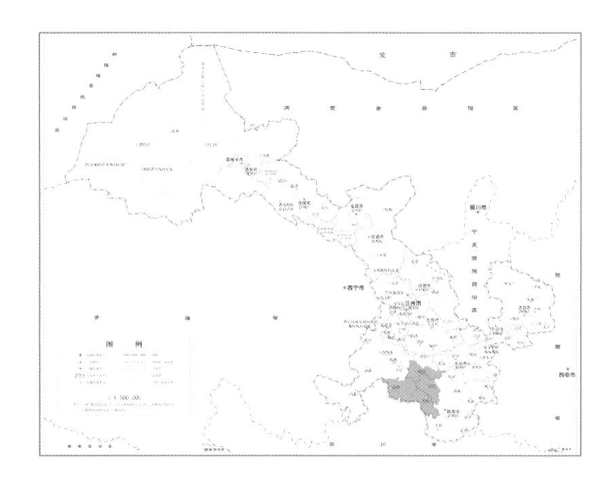

保护级别	IUCN 濒危等级	CITES 附录级别	主管单位
二级	濒危	附录Ⅱ	林草部门

识别要点：多年地生草本，植株高8～12厘米，具细长而横走的根状茎。茎直立，较短，长2～3厘米，无毛，大部位于疏松的腐殖质层之下，基部有鞘，顶端具2枚近对生的叶。叶片椭圆形。花序顶生，直立，长7～9厘米，具1花，花下方无苞片；花较小，通常萼片与花瓣淡绿色，有密集的褐色条纹，唇瓣金黄色；中萼片椭圆形或卵状椭圆形；合萼片与中萼片相似，但较短；花瓣长圆状披针形；唇瓣囊状，腹背压扁；退化雄蕊宽椭圆状长圆形。蒴果椭圆状长圆形。花期6～7月，果期8月。

生境描述：生于树木与灌木丛生的山坡、林缘或疏林下腐殖质丰富、湿润、多苔藓之地，常成片生长。

地理分布：迭部县、舟曲县、宕昌县、岷县。

保护原因：我国特有物种，具有很高的观赏性和药用价值。人为采挖严重，生境退化或丧失。

褐花杓兰

Cypripedium calcicola

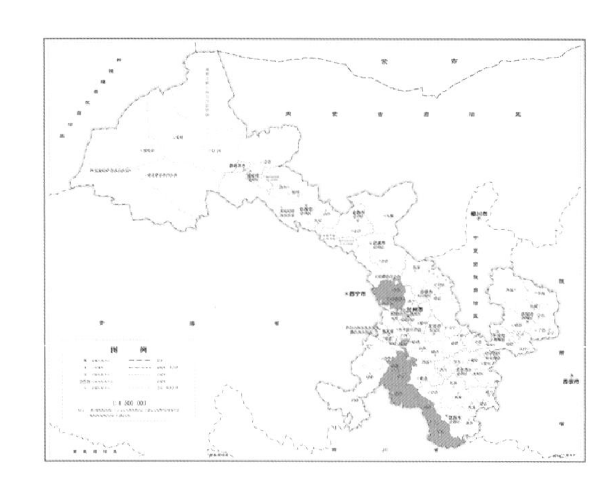

保护级别	IUCN 濒危等级	CITES 附录级别	主管单位
二级	濒危	附录Ⅱ	林草部门

名称变化：在《中国植物志》中记录为褐花杓兰 *Cypripedium smithii*。

识别要点：多年地生草本，植株高15～45厘米，具粗短的根状茎。茎直立，通常无毛，较少上部有短柔毛，基部具数枚鞘，鞘上方有3～4枚叶。叶片椭圆形。花序顶生，具1花；花序柄被短柔毛；花苞片叶状，卵状披针形；花深紫色或紫褐色，仅唇瓣背侧有若干淡黄色的、质地较薄的透明格，囊口周围不具白色或浅色圈；中萼片椭圆状卵形；合萼片椭圆状披针形；花瓣卵状披针形；唇瓣深囊状，椭圆形；退化雄蕊近长圆形。花期6～7月。

生境描述：生于海拔2600～3900米的林下、林缘、灌丛中、草坡上或山溪河床旁多石湿润处。

地理分布：迭部县、舟曲县、临潭县、卓尼县、康乐县、文县、永登县。

保护原因：我国特有物种，具有很高的观赏性和药用价值。人为采挖严重，生境退化或丧失。

对叶杓兰

Cypripedium debile

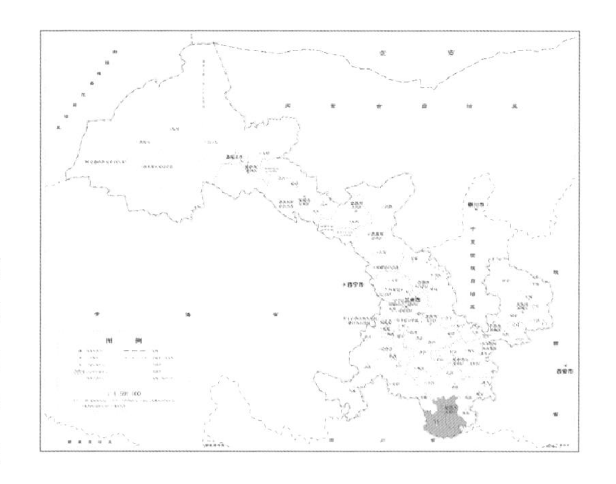

保护级别	IUCN 濒危等级	CITES 附录级别	主管单位
二级	无危	附录Ⅱ	林草部门

识别要点：多年地生草本，植株高10～30厘米，具较短的根状茎。茎直立，无毛，基部具2～3枚筒状鞘，顶端生2枚对生或近对生的叶。叶片宽卵形、三角状卵形或近心形。花序顶生，下垂或俯垂，具1花；花苞片线形；花较小，萼片和花瓣淡绿色或淡黄绿色，在基部有栗色斑，唇瓣白色并有栗色斑；中萼片狭卵状披针形；合萼片与中萼片相似；花瓣披针形；唇瓣深囊状，近椭圆形；退化雄蕊近圆形至卵形。蒴果狭椭圆形。花期5～7月，果期8～9月。

生境描述：生于海拔1000～3400米的林下、沟边或草坡上。

地理分布：武都区、文县。

保护原因：具有很高的观赏性和药用价值。人为采挖严重，生境退化或丧失。

毛瓣杓兰

Cypripedium fargesii

保护级别	IUCN 濒危等级	CITES 附录级别	主管单位
二级	濒危	附录Ⅱ	林草部门

识别要点：多年地生草本，植株高约10厘米，具粗短的根状茎。茎直立，包藏于2～3枚近圆筒形的鞘内，顶端具2枚叶。叶近对生，铺地；叶片宽椭圆形至近圆形，上面绿色并有黑栗色斑点，无毛。花葶顶生，单花；花苞片不存在；花较美丽；萼片淡黄绿色，中萼片基部有密集的栗色粗斑点；花瓣长圆形，背面上侧尤其接近顶端处密被长柔毛，花瓣带白色，内表面有淡紫红色条纹，外表面有细斑点；唇瓣深囊状，近球形，黄色，有淡紫红色细斑点；退化雄蕊卵形或长圆形。花期5～7月。

生境描述：生于海拔1900～3200米的灌丛下、疏林中或草坡上腐殖质丰富处。

地理分布：舟曲县、武都区、文县。

保护原因：我国特有物种，具有很高的观赏性和药用价值。人为采挖严重，生境退化或丧失。

华西杓兰

Cypripedium farreri

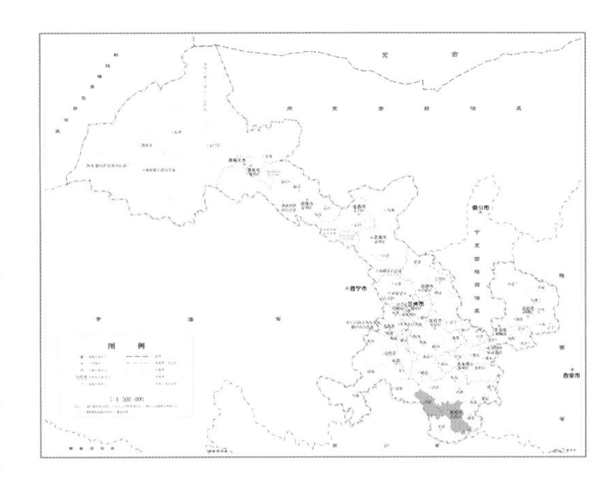

保护级别	IUCN 濒危等级	CITES 附录级别	主管单位
二级	濒危	附录Ⅱ	林草部门

识别要点：多年地生草本，植株高20～30厘米，具短粗的根状茎。茎直立，近无毛，基部具数枚鞘，鞘上方通常有2枚叶。叶片椭圆形或卵状椭圆形。花序顶生，具1花；花序柄上部近顶端处被短柔毛；花苞片叶状、狭卵状椭圆形或卵形，无毛；花有香气；萼片与花瓣绿黄色并有较密集的栗色纵条纹，唇瓣蜡黄色，囊内有栗色斑点；中萼片卵形或卵状椭圆形；合萼片卵状披针形；花瓣披针形；唇瓣深囊状，壶形，下垂；退化雄蕊近长圆状卵形。花期6月。

生境描述：生于海拔2600～3400米的疏林下多石草丛中或荫蔽岩壁上。

地理分布：舟曲县、武都区。

保护原因：我国特有物种，具有很高的观赏性和药用价值。人为采挖严重，生境退化或丧失。

大叶杓兰

Cypripedium fasciolatum

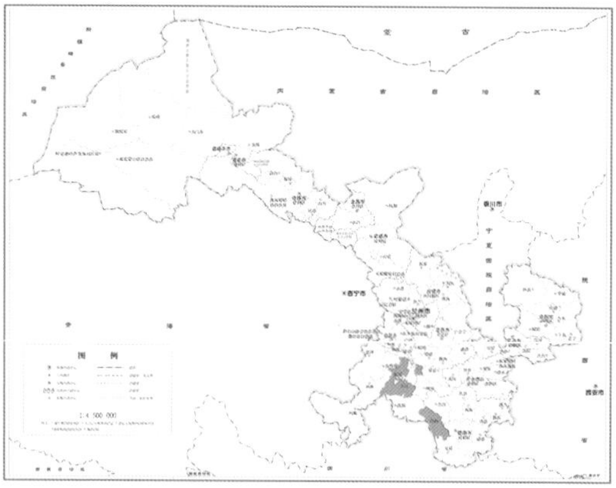

保护级别	IUCN 濒危等级	CITES 附录级别	主管单位
二级	濒危	附录Ⅱ	林草部门

识别要点：多年地生草本，植株高30～45厘米，具粗短的根状茎。茎直立，基部具数枚鞘，鞘上方具3～4枚叶。叶片椭圆形或宽椭圆形。花序顶生，通常具1花，稀2花；花序柄上端被短柔毛；花苞片叶状，椭圆形或卵形；花大，直径达12厘米，有香气，黄色，萼片与花瓣上具明显的栗色纵脉纹，唇瓣有栗色斑点；中萼片卵状椭圆形或卵形；合萼片与中萼片相似；花瓣线状披针形或宽线形；唇瓣深囊状，近球形；退化雄蕊卵状椭圆形。花期4～5月。

生境描述：生于海拔1600～3000米的山地透光林下、林缘、灌木坡地、草坡或乱石地上。

地理分布：舟曲县、卓尼县。

保护原因：我国特有物种，具有很高的观赏性和药用价值。人为采挖严重，生境退化或丧失。

毛杓兰

Cypripedium franchetii

保护级别	IUCN 濒危等级	CITES 附录级别	主管单位
二级	易危	附录Ⅱ	林草部门

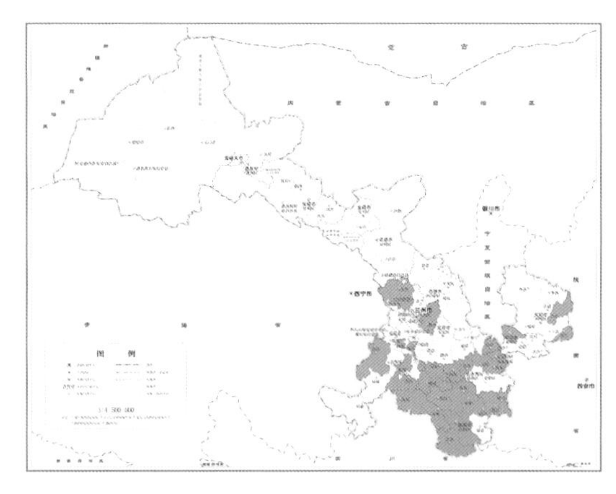

识别要点：多年地生草本，植株高20～35厘米，具粗短的根状茎。茎直立，密被长柔毛，基部具数枚鞘，鞘上方有3～5枚叶。叶片椭圆形或卵状椭圆形。花序顶生，具1花；花苞片叶状，椭圆形或椭圆状披针形；花淡紫红色至粉红色，有深色脉纹；中萼片椭圆状卵形或卵形；合萼片椭圆状披针形；花瓣披针形；唇瓣深囊状，椭圆形或近球形；退化雄蕊卵状箭头形至卵形；子房具长柔毛。花期5～7月。

生境描述：生于海拔1500～3700米疏林下或灌木林中湿润、腐殖质丰富和排水良好之地。

地理分布：舟曲县、迭部县、夏河县、卓尼县、合水县、正宁县、庄浪县、崆峒区、武都区、文县、徽县、宕昌县、西和县、礼县、成县、两当县、武山县、秦安县、甘谷县、清水县、张家川县、漳县、岷县、康乐县、榆中县、永登县。

保护原因：我国特有物种，具有很高的观赏性和药用价值。人为采挖严重，生境退化或丧失。

黄花杓兰

Cypripedium flavum

保护级别	IUCN 濒危等级	CITES 附录级别	主管单位
二级	易危	附录Ⅱ	林草部门

识别要点：多年地生草本，植株通常高30～50厘米，具粗短的根状茎。茎直立，密被短柔毛，基部具数枚鞘，鞘上方具3～6枚互生叶。花序顶生，通常具1花，罕有2花；花苞片叶状、椭圆状披针形，被短柔毛；花黄色，有时有红色晕，唇瓣上偶见栗色斑点；中萼片椭圆形至宽椭圆形；合萼片宽椭圆形，先端几不裂；花瓣长圆形至长圆状披针形，稍短于中萼片，先端钝；唇瓣深囊状，椭圆形；退化雄蕊近圆形或宽椭圆形。蒴果狭倒卵形。花果期6～9月。

生境描述：生于海拔1800～3500米的林下、林缘、灌丛中或草地上、多石湿润之地。

地理分布：舟曲县、迭部县、夏河县、漳县、榆中县、永登县、武都区、文县、宕昌县、天水市。

保护原因：我国特有物种，具有很高的观赏性和药用价值。人为采挖严重，生境退化或丧失。

紫点杓兰

Cypripedium guttatum

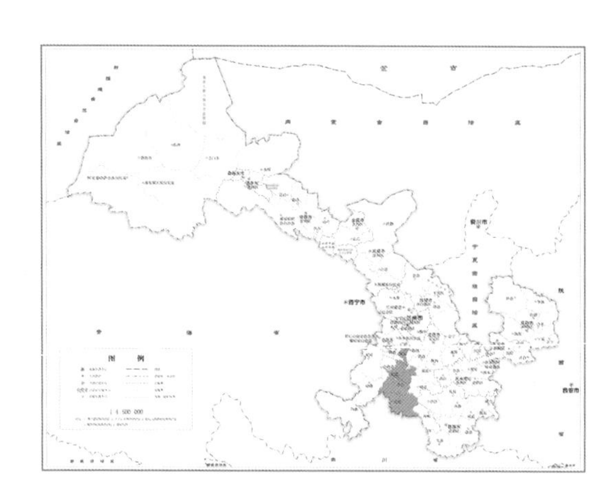

保护级别	IUCN 濒危等级	CITES 附录级别	主管单位
二级	濒危	附录Ⅱ	林草部门

识别要点：多年地生草本，植株高15～25厘米，具细长而横走的根状茎。茎直立，被短柔毛和腺毛，基部具数枚鞘，顶端常具2枚对生或近对生的叶。叶片椭圆形、卵形或卵状披针形。花序顶生，具1花；花序柄密被短柔毛和腺毛；花苞片叶状，卵状披针形；花白色，具淡紫红色或淡褐红色斑；中萼片卵状椭圆形或宽卵状椭圆形；合萼片狭椭圆形；花瓣常近匙形或提琴形；唇瓣深囊状、钵形或深碗状；退化雄蕊卵状椭圆形。蒴果近狭椭圆形。花期5～7月，果期8～9月。

生境描述：生于海拔500～4000米的林下、灌丛中或草地上。

地理分布：迭部县、临潭县、卓尼县、康乐县。

保护原因：具有很高的观赏性和药用价值。人为采挖严重，生境退化或丧失。

绿花杓兰

Cypripedium henryi

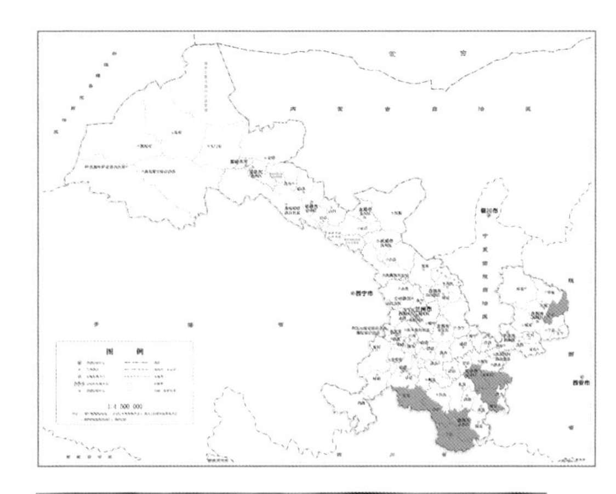

保护级别	IUCN 濒危等级	CITES 附录级别	主管单位
二级	近危	附录Ⅱ	林草部门

识别要点：多年地生草本，植株高30～60厘米，具较粗短的根状茎。茎直立，被短柔毛，基部具数枚鞘，鞘上方具4～5枚叶。叶片椭圆状至卵状披针形。花序顶生，通常具2～3花；花苞片叶状，卵状披针形或披针形；花梗和子房长2.5～4厘米，密被白色腺毛；花绿色至绿黄色；中萼片卵状披针形；合萼片与中萼片相似，先端2浅裂；花瓣线状披针形；唇瓣深囊状，椭圆形；退化雄蕊椭圆形或卵状椭圆形。蒴果近椭圆形或狭椭圆形。花期4～5月，果期7～9月。

生境描述：生于林缘、灌丛坡地上湿润和腐殖质丰富之地。

地理分布：舟曲县、迭部县、合水县、武都区、文县、徽县、天水市。

保护原因：我国特有物种，具有很高的观赏性和药用价值。人为采挖严重，生境退化或丧失。

扇脉杓兰

Cypripedium japonicum

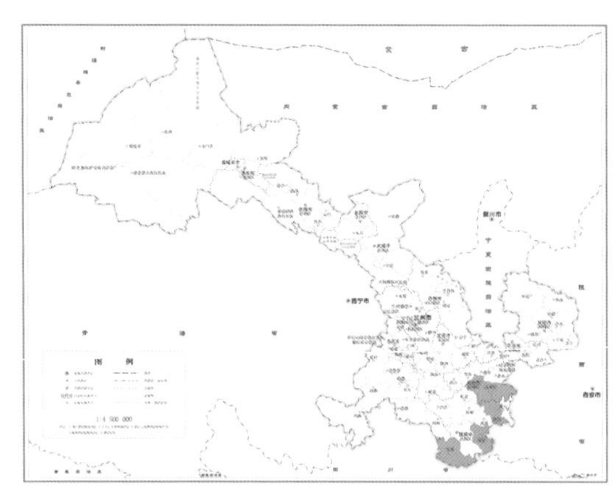

保护级别	IUCN 濒危等级	CITES 附录级别	主管单位
二级	无危	附录Ⅱ	林草部门

识别要点：多年地生草本，植株高35～55厘米，具横走的根状茎。茎直立，被褐色长柔毛，基部具数枚鞘，鞘顶端通常有2枚近对生的叶；叶片扇形。花序顶生，具1花；花苞片叶状；花俯垂，萼片和花瓣淡黄绿色，基部多少有紫色斑点，唇瓣淡黄绿色至淡紫白色，多少有紫红色斑点和条纹；中萼片狭椭圆形或狭椭圆状披针形；合萼片与中萼片相似；花瓣斜披针形；唇瓣下垂，囊状，近椭圆形或倒卵形；退化雄蕊椭圆形。蒴果近纺锤形。花期4～5月，果期6～10月。

生境描述：生于海拔1000～2000米林下、灌丛、林缘、溪谷旁、荫蔽山坡等湿润和腐殖质丰富的土壤。

地理分布：康县、文县、徽县、天水市。

保护原因：叶形奇特，花大美观，具有很高的观赏性和药用价值。人为采挖严重，生境退化或丧失。

大花杓兰

Cypripedium macranthos

保护级别	IUCN 濒危等级	CITES 附录级别	主管单位
二级	濒危	附录Ⅱ	林草部门

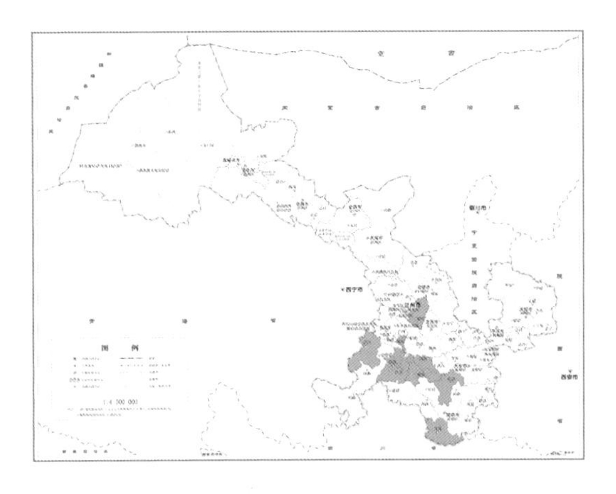

识别要点：多年地生草本，植株高25～50厘米，具粗短的根状茎。茎直立，稍被短柔毛或无毛，基部具数枚鞘，鞘上方具3～4枚叶。叶片椭圆形或椭圆状卵形。花序顶生，具1花，极罕2花；花苞片叶状，通常椭圆形，较少椭圆状披针形；花大，紫色、红色或粉红色，通常有暗色脉纹，极罕白色；中萼片宽卵状椭圆形或卵状椭圆形；合萼片卵形；花瓣披针形；唇瓣深囊状，近球形或椭圆形；退化雄蕊卵状长圆形。蒴果狭椭圆形。花期6～7月，果期8～9月。

生境描述：生于海拔400～2400米林下、林缘或草坡上腐殖质丰富和排水良好之地。

地理分布：卓尼县、临潭县、夏河县、文县、礼县、榆中县、岷县、漳县、康乐县。

保护原因：具有很高的观赏性和药用价值。人为采挖严重，生境退化或丧失。

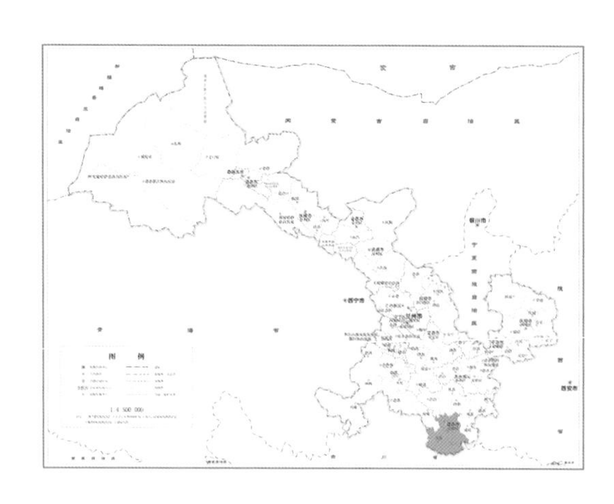

斑叶杓兰

Cypripedium margaritaceum

保护级别	IUCN 濒危等级	CITES 附录级别	主管单位
二级	濒危	附录Ⅱ	林草部门

识别要点：多年地生草本，植株高约10厘米，地下具较粗短的根状茎。茎直立，较短，通常长2～5厘米，为数枚叶鞘所包，顶端具2枚叶。叶近对生，铺地；叶片宽卵形至近圆形，上面暗绿色并有黑紫色斑点。花序顶生，具1花；花苞片不存在；萼片绿黄色有栗色纵条纹，花瓣与唇瓣白色或淡黄色，有红色或栗红色斑点与条纹；中萼片宽卵形，合萼片椭圆状卵形，略短于中萼片；花瓣背面脉上被短柔毛或背面上侧被短柔毛，边缘具短缘毛；唇瓣囊状，近椭圆形，腹背压扁；退化雄蕊近圆形至近四方形。花期5～7月。

生境描述：生于海拔2500～3600米的山地草坡上或疏林下。

地理分布：武都区、文县。

保护原因：我国特有物种，极小种群保护物种，具有很高的观赏性和药用价值。人为采挖严重，生境退化或丧失。

巴郎山杓兰

Cypripedium palangshanens

保护级别	IUCN 濒危等级	CITES 附录级别	主管单位
二级	濒危	附录Ⅱ	林草部门

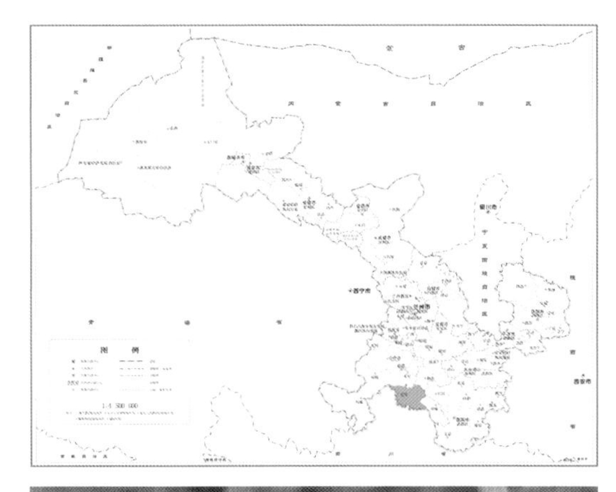

识别要点：多年地生草本，植株高8～13厘米，具细长而横走的根状茎。茎直立，无毛，大部包藏于数枚鞘之中，顶端具2枚对生或近对生的叶。叶片近圆形或近宽椭圆形。花序顶生，近直立，具1花；花苞片披针形；花俯垂，血红色或淡紫红色；中萼片披针形；合萼片卵状披针形；花瓣斜披针形，长1.2～1.6厘米，宽4～5毫米，先端渐尖，背面基部略被毛；唇瓣囊状，近球形，长约1厘米，具较宽阔、近圆形的囊口；退化雄蕊卵状披针形，长约3毫米。花期6月。

生境描述：生于海拔2200～2700米的林下、沟边或草坡上。

地理分布：迭部县。

保护原因：我国特有物种，极小种群保护物种，具有很高的观赏性和药用价值。人为采挖严重，生境退化或丧失。

西藏杓兰

Cypripedium tibeticum

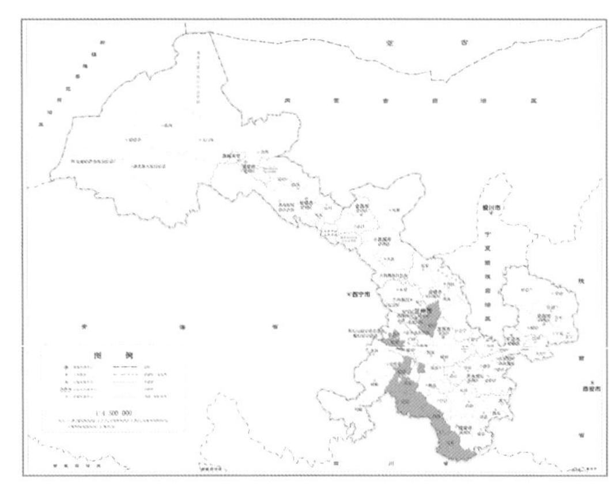

保护级别	IUCN 濒危等级	CITES 附录级别	主管单位
二级	无危	附录Ⅱ	林草部门

识别要点：多年地生草本，植株高15～35厘米，具粗短的根状茎。茎直立，基部具数枚鞘，鞘上方通常具3枚叶，罕有2枚或4枚叶。叶片椭圆形、卵状椭圆形或宽椭圆形。花序顶生，俯垂，具1花；花苞片叶状；花大，紫色、紫红色或暗栗色，通常有淡绿黄色的斑纹，花瓣上的纹理尤其清晰，唇瓣的囊口周围有白色或浅色的圈；中萼片椭圆形或卵状椭圆形；合萼片与中萼片相似；花瓣披针形或长圆状披针形；唇瓣深囊状，近球形至椭圆形；退化雄蕊卵状长圆形。花期5～8月。

生境描述：生于海拔2300～4200米的山地透光林下、林缘、灌木坡地、草坡或乱石地上。

地理分布：舟曲县、迭部县、卓尼县、文县、临夏县、和政县、榆中县。

保护原因：具有很高的观赏性和药用价值。人为采挖严重，生境退化或丧失。

山西杓兰

Cypripedium shanxiense

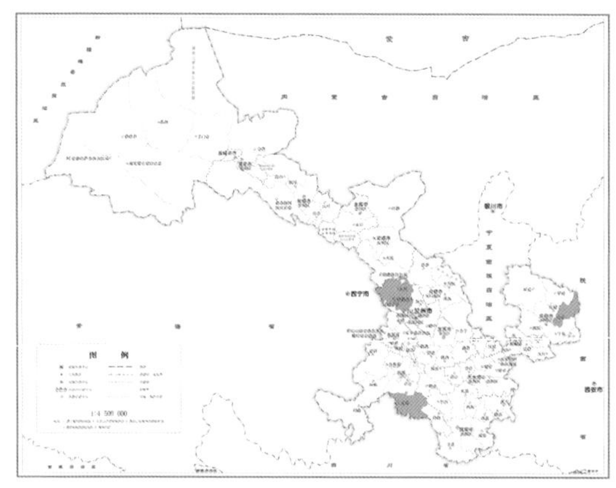

保护级别	IUCN 濒危等级	CITES 附录级别	主管单位
二级	易危	附录Ⅱ	林草部门

识别要点：多年地生草本，植株高40～55厘米，具匍匐的根状茎。茎直立，被短柔毛和腺毛，基部具数枚鞘，鞘上方具3～4枚叶。叶片椭圆形至卵状披针形。花序顶生，通常具2花，稀1花或3花；花褐色至紫褐色，具深色脉纹，唇瓣常有深色斑点，退化雄蕊白色而有少数紫褐色斑点；中萼片披针形或卵状披针形；合萼片与中萼片相似；花瓣狭披针形或线形；唇瓣小，长1.5～2厘米，深囊状，近球形至椭圆形；退化雄蕊长圆状椭圆形。蒴果近梭形或狭椭圆形。花期5～7月，果期7～8月。

生境描述：生于海拔1000～2500米的林缘、林下或草坡上。

地理分布：迭部县、合水县、永登县。

保护原因：具有很高的观赏性和药用价值。人为采挖严重，生境退化或丧失。

天麻

Gastrodia elata

保护级别	IUCN 濒危等级	CITES 附录级别	主管单位
二级	数据缺乏	附录Ⅱ	农业部门

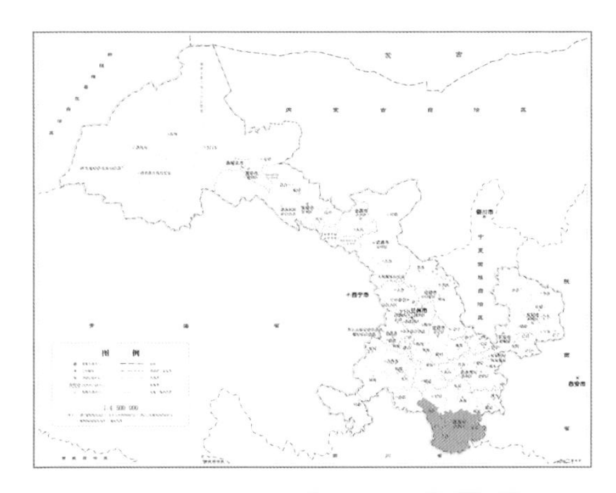

识别要点：多年腐生草本，植株高30～100厘米；根状茎肥厚，块茎状，椭圆形至近哑铃形，肉质。茎直立，无绿叶，下部被数枚膜质鞘。总状花序长5～30厘米，通常具30～50朵花；花苞片长圆状披针形，膜质，宿存；花梗和子房略短于花苞片；花扭转，橙黄、淡黄、蓝绿或黄白色，近直立；萼片和花瓣合生成花被筒，外面无明显的小疣状突起，近斜卵状圆筒形，顶端具5枚裂片；唇瓣长圆状卵圆形；蕊柱长5～7毫米。蒴果倒卵状椭圆形。花果期5～7月。

生境描述：生于海拔400～3200米的疏林下、林中空地、林缘或灌丛边缘。

地理分布：文县、康县、武都区、舟曲县。

保护原因：具有重要的经济价值。作为名贵中药材，人为采挖严重，野生种群极少。

手参

Gymnadenia conopsea

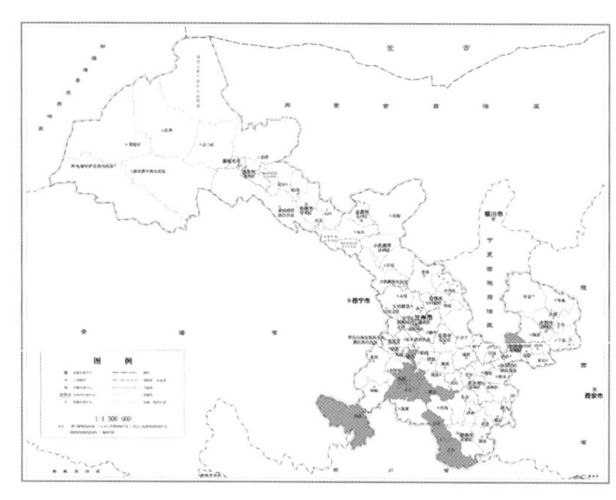

保护级别	IUCN 濒危等级	CITES 附录级别	主管单位
二级	濒危	附录Ⅱ	农业部门

识别要点：多年地生草本，植株高20～60厘米。块茎椭圆形肉质，下部掌状分裂，裂片细长。茎直立，圆柱形，基部具2～3枚筒状鞘，其上具4～5枚叶。叶片线状披针形、狭长圆形或带形。总状花序具多数密生的花，圆柱形；花苞片披针形，先端长渐尖成尾状；子房纺锤形；花粉红色，罕为粉白色；中萼片宽椭圆形或宽卵状椭圆形；侧萼片斜卵形；花瓣直立，斜卵状三角形，与中萼片等长，与侧萼片近等宽；唇瓣宽倒卵形；距狭圆筒形，下垂，长于子房。花期6～8月。

生境描述：生于海拔265～4700米的山坡林下、草地或砾石滩草丛中。

地理分布：卓尼县、临潭县、舟曲县、玛曲县、岷县、康乐县、文县、崆峒区。

保护原因：具有重要的经济价值。作为中药材，人为采挖严重。

西南手参

Gymnadenia orchidis

保护级别	IUCN 濒危等级	CITES 附录级别	主管单位
二级	易危	附录Ⅱ	农业部门

识别要点：多年地生草本，植株高17～35厘米。块茎卵状椭圆形，肉质，下部掌状分裂，裂片细长。茎直立，基部具2～3枚筒状鞘，其上具3～5枚叶。叶片椭圆形或椭圆状长圆形。总状花序具多数密生的花；花苞片披针形，先端渐尖，不成尾状；花紫红色或粉红色，稀带白色；中萼片卵形；侧萼片斜卵形，较中萼片稍长和宽；花瓣直立，斜宽卵状三角形，与中萼片等长且较宽，较侧萼片稍狭；唇瓣宽倒卵形；距细而长，狭圆筒形，下垂，长于子房。花期7～9月。

生境描述：生于海拔2800～4100米的山坡林下、灌丛下和高山草地中。

地理分布：玛曲县、卓尼县、临潭县、舟曲县、迭部县、清水县。

保护原因：具有重要的经济价值。作为中药材，人为采挖严重。

细叶石斛

Dendrobium hancockii

保护级别	IUCN 濒危等级	CITES 附录级别	主管单位
二级	濒危	附录Ⅱ	农业部门

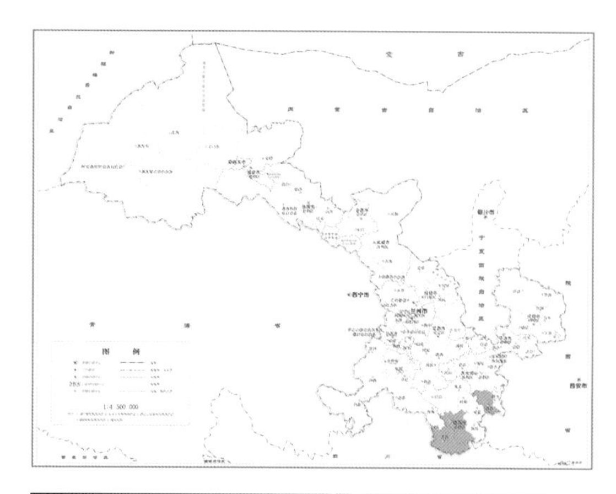

识别要点：多年生草本，茎直立，通常分枝，具纵槽或条棱。叶互生，通常3～6枚，基部具革质鞘，无毛。总状花序长1～2.5厘米，具1～2朵花，花序柄长5～10毫米；花苞片膜质，卵形；花质地厚，稍具香气，开展，金黄色，仅唇瓣侧裂片内侧具少数红色条纹；中萼片卵状椭圆形，长1～2.4厘米，宽3.5～8毫米；侧萼片卵状披针形，与中萼片等长；萼囊短圆锥形，长约5毫米；花瓣斜倒卵形或近椭圆形，与中萼片等长而较宽，唇瓣长宽相等，中部3裂；蕊柱长约5毫米。花期5～6月。

生境描述：生于海拔700～1500米的山地林中的树干上或山谷岩石上。

地理分布：武都区、徽县、文县。

保护原因：具有重要的经济价值。作为中药材，人为采挖严重。

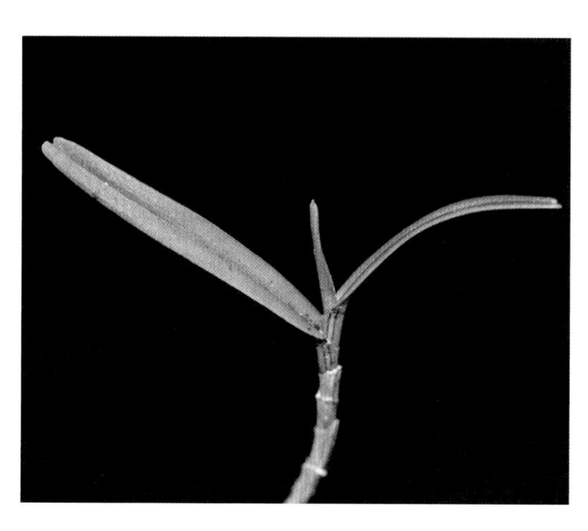

细茎石斛

Dendrobium moniliforme

保护级别	IUCN 濒危等级	CITES 附录级别	主管单位
二级	未予评估	附录Ⅱ	农业部门

识别要点：多年生草本，茎直立，不分枝，通常长10～20厘米，具多节。叶数枚互生，披针形或长圆形，基部下延为抱茎的鞘；总状花序2至数个，通常具1～3花；花苞片干膜质，浅白色带褐色斑块，卵形；花黄绿色、白色或白色带淡紫红色；萼片和花瓣相似，卵状长圆形或卵状披针形；萼囊圆锥形，长4～5毫米，宽约5毫米，末端钝；花瓣通常比萼片稍宽；唇瓣白色、淡黄绿色或绿白色，带淡褐色或紫红色至浅黄色斑块，整体轮廓卵状披针形，比萼片稍短。花期通常3～5月。

生境描述：生于海拔600～3000米的阔叶林中的树干上或山谷岩壁上。

地理分布：康县。

保护原因：具有重要的经济价值。作为中药材，人为采挖严重。

独蒜兰

Pleione bulbocodioides

保护级别	IUCN 濒危等级	CITES 附录级别	主管单位
二级	无危	附录Ⅱ	林草部门

识别要点：多年半附生草本。假鳞茎卵形至卵状圆锥形，顶端具1枚叶。春季开花，叶在花期尚幼嫩，长成后狭椭圆状披针形或近倒披针形，纸质。花葶顶端具1～2花；花苞片线状长圆形，明显长于花梗和子房；花粉红色至淡紫色，唇瓣上有深色斑；花瓣倒披针形；唇瓣轮廓为倒卵形或宽倒卵形，通常具4～5条褶片；褶片啮蚀状，向基部渐狭直至消失；中央褶片常较短而宽；蕊柱长2.7～4厘米。蒴果近长圆形。花期4～6月。

生境描述：生于海拔900～3600米常绿阔叶林下或灌木林缘，腐殖质丰富的土壤上或苔藓覆盖的岩石上。

地理分布：文县、康县、武都区。

保护原因：我国特有物种，具有重要的经济价值。

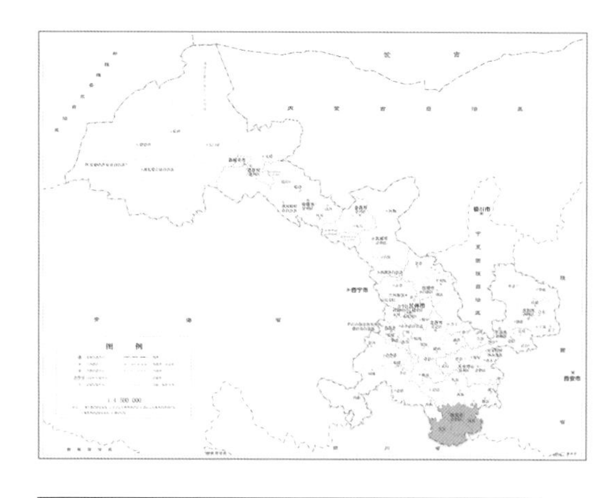

短芒芨芨草

Achnatherum breviaristatum

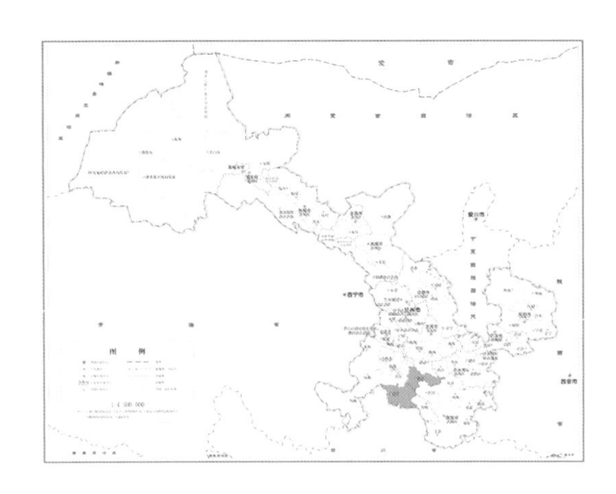

保护级别	IUCN 濒危等级	CITES 附录级别	主管单位
二级	易危	—	农业部门

识别要点：多年生草本，须根坚韧。秆直立，高约150厘米，具2～3节，基部具鳞芽。叶鞘光滑无毛或微糙涩，长于节间；叶舌长圆状披针形，长达13毫米；叶片长达50厘米，纵卷如线状，上面有小刺毛，下面平滑，边缘具细刺。圆锥花序直立，紧缩，长约30厘米，宽约5厘米，主轴每节具数分枝；小穗柄具细小刺毛；小穗长6～6.5毫米；颖膜质，边缘透明，亮草黄色，具5～7脉；外稃长约5毫米，具5脉，背部两侧脉附近具与稃体等长的白色柔毛，顶端具2微齿，裂齿间着生长3～4毫米的芒，芒直或微弯，而不膝曲扭转，无毛或微粗糙；内稃与外稃等长，脉不显著；雄蕊3，浅黄色；子房平滑，具毛刷状柱头。花期6月。

生境描述：生于海拔2000米附近的山坡草地和干燥河谷中。

地理分布：迭部县、岷县。

保护原因：我国特有物种，分布地局限，重要的种质资源。

沙芦草

Agropyron mongolicum

保护级别	IUCN 濒危等级	CITES 附录级别	主管单位
二级	无危	—	林草部门

识别要点：秆成疏丛，直立，高20～60厘米，有时基部横卧而节生根成匍茎状，具2～6节。叶片长5～15厘米，宽2～3毫米，内卷成针状，叶脉隆起成纵沟，脉上密被微细刚毛。穗状花序，小穗排列疏松，穗轴节间长3～10毫米，光滑或生微毛；小穗向上斜升，含2～8小花，基部不具苞片；颖两侧不对称，具3～5脉，第一颖长3～6毫米，第二颖长4～6毫米，先端具长约1毫米的短尖头，外稃无毛或具稀疏微毛，具5脉，先端具短尖头，长约1毫米，第一外稃长5～6毫米；内稃脊具短纤毛。

生境描述：生于干燥的草原、沙地。

地理分布：敦煌市、阿克塞县、瓜州县、民勤县、环县、碌曲县。

保护原因：我国特有物种，良好的固沙植物，在生态系统中具有重要作用。

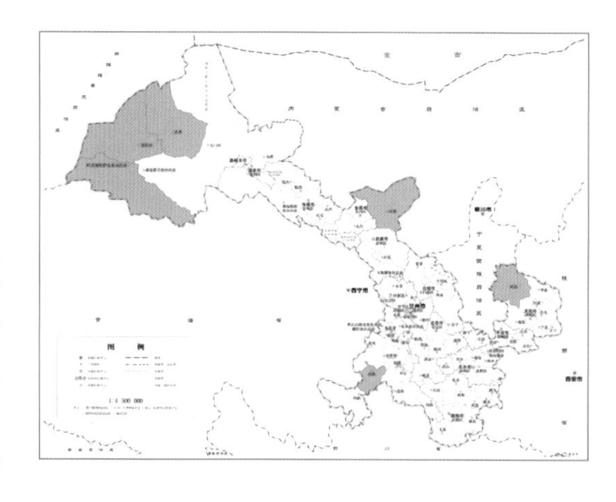

三刺草

Aristida triseta

保护级别	IUCN 濒危等级	CITES 附录级别	主管单位
二级	无危	—	林草部门

识别要点： 多年生草本。须根较粗而坚韧。秆直立，丛生，基部宿存枯萎的叶鞘，高10～40厘米，平滑无毛，具1～2节。叶鞘短于节间，光滑，松弛；叶舌短小，具长约0.2毫米的纤毛；叶片常卷折而弯曲，长3.5～15厘米，宽1～2毫米。圆锥花序狭窄，线形，长3.5～9厘米，分枝短而硬，贴向主轴；小穗柄长1～5毫米，顶生者长可达1厘米，小穗长7～10毫米；颖片窄披针形，顶端渐尖或有时延伸成短尖头，具1脉；外稃具3脉，顶端有3芒；芒粗糙，主芒长4～8毫米，侧芒长1.5～3毫米；内稃短于外稃，薄膜质。花果期7～9月。

生境描述： 生于海拔2400～4700米的干燥草原、山坡草地及灌丛林下。

地理分布： 合作市、夏河县、卓尼县。

保护原因： 我国特有物种，在生态系统中具有重要作用。

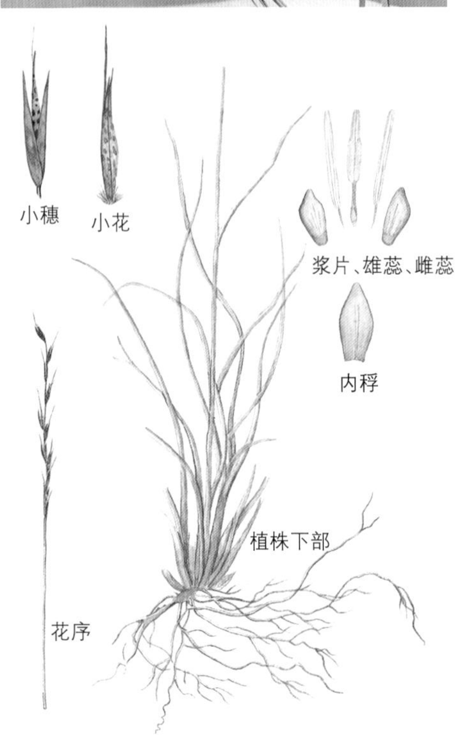

阿拉善披碱草

Elymus alashanicus

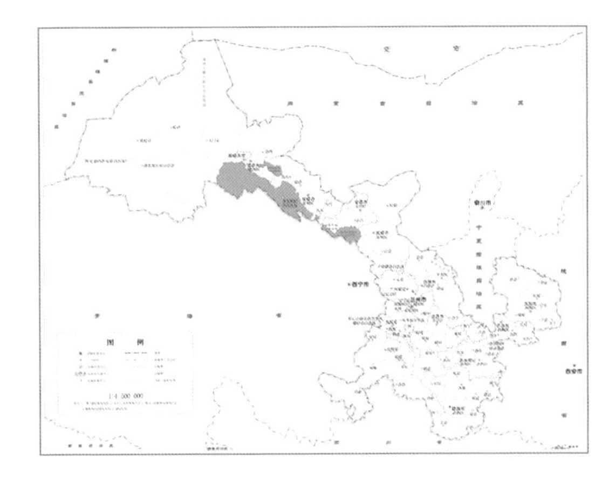

保护级别	IUCN 濒危等级	CITES 附录级别	主管单位
二级	无危	—	农业部门

名称变化： 在《中国植物志》中记录为阿拉善鹅观草 *Roegneria alashanica*。

识别要点： 秆疏丛，直立，质刚硬，高40～60厘米。具鞘外分蘖，且幼时为膜质鞘所包，长3～5厘米，有时横走或下伸成根茎状；叶片内卷成针状，长5～12厘米，两面均被微毛或下面平滑无毛。穗状花序直，瘦细，长5～10厘米，具贴生小穗3～7枚；小穗淡黄色，全部无毛，含3～6小花，长12～15毫米，宽2～3毫米，小穗轴光滑无毛；颖长圆状披针形，先端锐尖或短芒，或有时为膜质而钝圆，通常3脉，边缘膜质，第一颖长不超过小花之半；外稃披针形，先端锐尖或急尖，无芒或小尖头。

生境描述： 生于海拔1800米左右的干燥草原、山坡草地。

地理分布： 肃南县。

保护原因： 我国特有物种，重要的种质资源。

黑紫披碱草

Elymus atratus

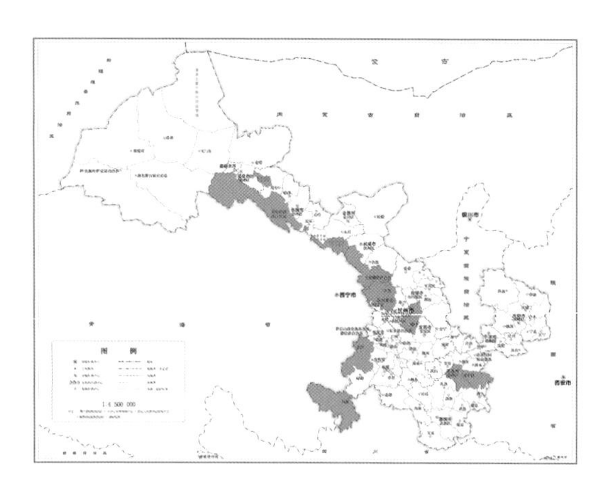

保护级别	IUCN 濒危等级	CITES 附录级别	主管单位
二级	无危	—	农业部门

识别要点：秆疏丛生。直立，高40～60厘米，基部呈膝曲状。叶鞘光滑无毛；叶片多少内卷，长3～19厘米，宽仅2毫米，两面均无毛。穗状花序较紧密，曲折而下垂，长5～8厘米；小穗多少偏于1侧，成熟后变成黑紫色，长8～10毫米，含2～3小花，仅1～2小花发育；颖甚小，几等长，长2～4毫米，狭长圆形或披针形，先端渐尖，稀可具长约1毫米的小尖头，具1～3脉，主脉粗糙，侧脉不显著；外稃披针形，全部密生微小短毛，具5脉，顶端延伸成芒，芒粗糙，长10～17毫米；内稃与外稃等长。

生境描述：生于山地草原、山坡草地。

地理分布：玛曲县、夏河县、兰州市、天水市、肃南县、天祝县。

保护原因：我国特有物种，重要的种质资源。

短柄披碱草

Elymus brevipes

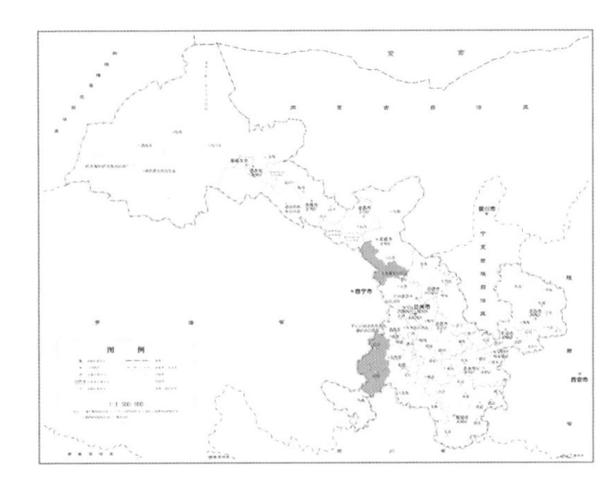

保护级别	IUCN 濒危等级	CITES 附录级别	主管单位
二级	无危	—	农业部门

名称变化：在《中国植物志》中记录为短柄鹅观草 *Roegneria brevipes*。

识别要点：秆直立，单生或基部具有少数鞘内分蘖而丛生，高30～60厘米。叶舌仅长约0.2毫米或无；叶片长10～18厘米，宽1～3毫米，质地较硬，干后内卷，上面微粗糙，下面光滑。穗状花序长7～11厘米（除芒外），弯曲或稍下垂；小穗长1.4～2.2厘米，含4～7疏松排列的小花，绿而微带紫色，具短柄；颖披针形，先端尖至渐尖，具明显的3脉，第一颖长1.5～3毫米，第二颖长3～4.5毫米，微粗糙；外稃披针形，上部具明显的5脉，微粗糙或近于平滑，顶端芒长2.5～3厘米，粗糙，反曲；内稃略短于外稃。

生境描述：生于山地草原、山坡草地。

地理分布：夏河县、碌曲县、天祝县。

保护原因：我国特有物种，重要的种质资源。

紫芒披碱草

Elymus purpuraristatus

保护级别	IUCN 濒危等级	CITES 附录级别	主管单位
二级	无危	—	农业部门

识别要点：秆较粗壮，高可达160厘米，全株被白粉，基部节间呈粉紫色。叶鞘无毛；叶片常内卷，长15～25厘米，宽2.5～4毫米，上面微粗糙，下面平滑。穗状花序直立或微弯曲，较紧密，呈粉紫色，长8～15厘米，穗轴边缘具小纤毛，每节具2枚小穗；小穗粉绿而带紫色，长10～12毫米，含2～3小花；颖披针形至线状披针形，先端具长约1毫米的短尖头，具3脉，脉上具短刺毛；外稃长圆状披针形，背部全体被毛，亦具紫红色小点，先端芒长7～15毫米，芒紫色，被毛；内稃与外稃等长或稍短。

生境描述：生于山地草原、山坡草地。

地理分布：碌曲县。

保护原因：我国特有物种，重要的种质资源。

毛披碱草

Elymus villifer

保护级别	IUCN 濒危等级	CITES 附录级别	主管单位
二级	濒危	—	林草部门

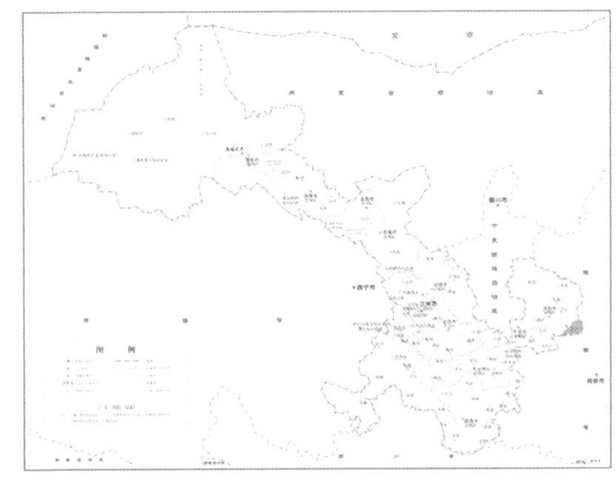

识别要点：秆疏丛，直立，高60～75厘米。叶鞘密被长柔毛；叶扁平或边缘内卷，两面及边缘被长柔毛，长9～15厘米，宽3～6毫米。穗状花序微弯曲，长9～12厘米；穗轴节处膨大，密生长硬毛，棱边具窄翼，亦被长硬毛；小穗于每节生有2枚或上部及下部仅具1枚，长6～10毫米，含2～3小花；颖窄披针形，长4.5～7.5毫米，具3～4脉，脉上疏被短硬毛，有狭膜质边缘，先端渐尖成长1.5～2.5毫米的芒尖；外稃长圆状披针形，具5条在上部明显的脉，背部粗糙，上部疏被短硬毛；内稃与外稃等长。

生境描述：生于山沟、低湿草地。

地理分布：正宁县。

保护原因：我国特有物种，重要的种质资源。

青海以礼草

Kengyilia kokonorica

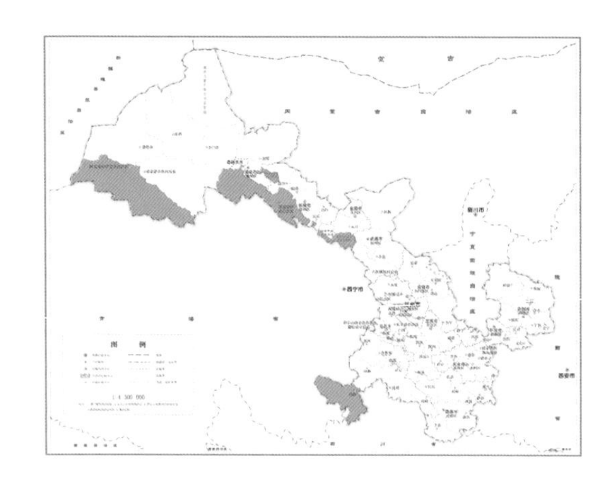

保护级别	IUCN 濒危等级	CITES 附录级别	主管单位
二级	无危	—	林草部门

名称变化：在《中国植物志》中记录为青海鹅观草*Roegneria kokonorica*。

识别要点：秆高30～50厘米，单生，基部常具分蘖。在花序以下被柔毛，具2～3节，顶端的1节呈膝曲状。叶鞘无毛；叶片长2～15厘米，宽2～5毫米，内卷，无毛。穗状花序直立，紧密，长3～6厘米，宽7～8毫米；小穗呈覆瓦状排列，绿色或带有紫色，长8～10毫米，含3～6小花；颖披针状卵圆形，长3～4毫米，密生硬毛，先端具短芒，长2～3毫米，具1～3脉，中脉稍隆起，背部绿色，边缘白色膜质；外稃密生硬毛，具5脉，第一外稃长约6毫米，先端芒粗糙，长4～6毫米，劲直或稍曲折；内稃与外稃等长。

生境描述：生于干燥草原、砾石坡地。

地理分布：肃南县、阿克塞县、玛曲县。

保护原因：我国特有物种，重要的种质资源。

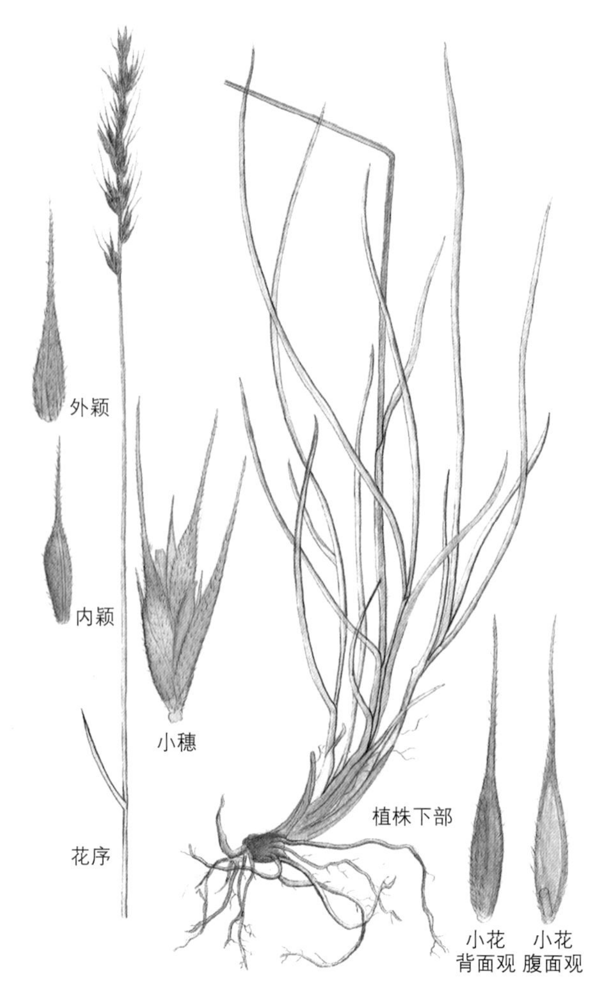

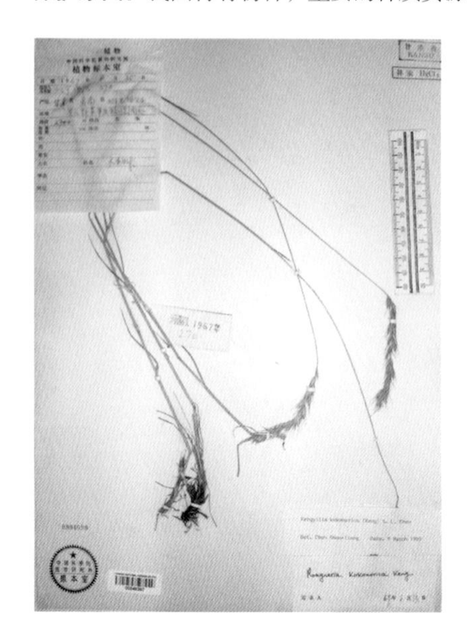

青海固沙草

Orinus kokonorica

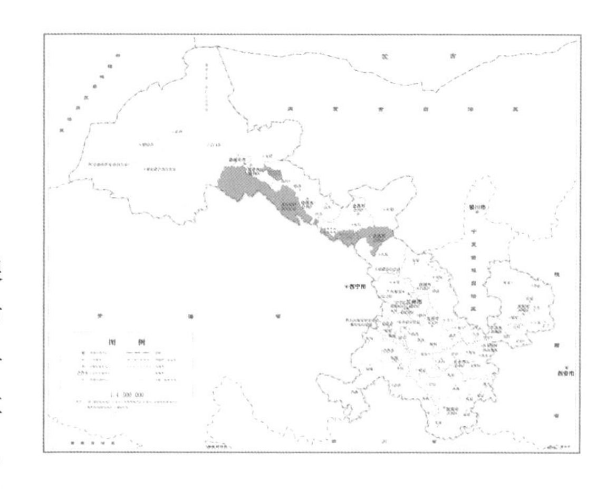

保护级别	IUCN 濒危等级	CITES 附录级别	主管单位
二级	无危	—	农业部门

识别要点：多年生草本，具密被鳞片的根茎，高20～50厘米。叶鞘无毛或粗糙，长于节间；叶舌膜质，截平，边缘撕裂呈纤毛状；叶片先端长渐尖，常内卷呈刺毛状，基部稍呈耳形。圆锥花序线形，多长4～7厘米，分枝单生，棱边具短刺毛，常具4～6小穗，小穗长7～8.5毫米，含2～5小花，小穗轴节间疏生细短毛；颖片披针形；外稃背部黑褐色而先端及基部为黄褐色，具3脉，先端呈细齿状，或中脉伸出成小尖头，脊的两侧以及边缘或下部疏生长柔毛，基盘两侧疏生短毛；内稃与外稃等长。花期8月。

生境描述：生于干旱山坡及草原上。

地理分布：肃南县、武威市。

保护原因：我国特有物种，重要的种质资源。

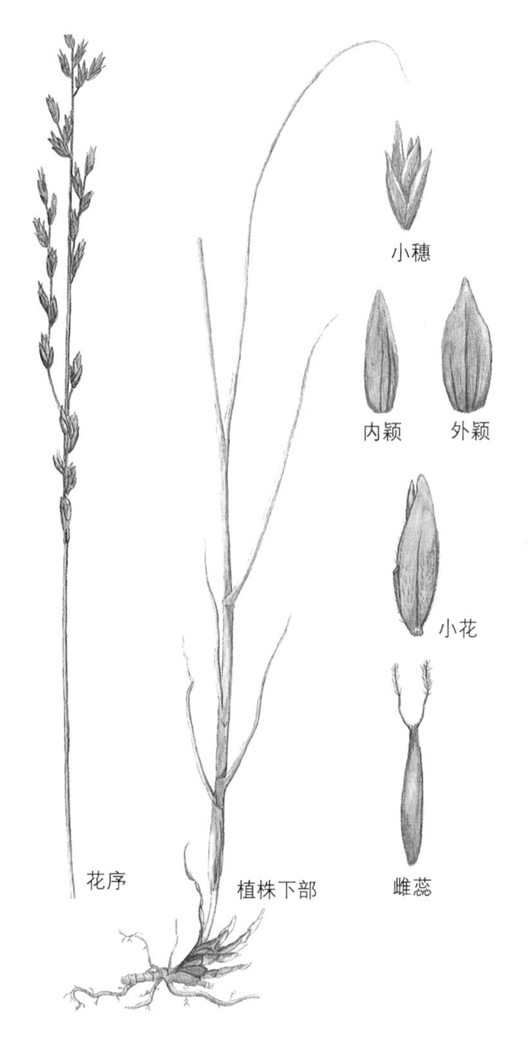

红花绿绒蒿

Meconopsis punicea

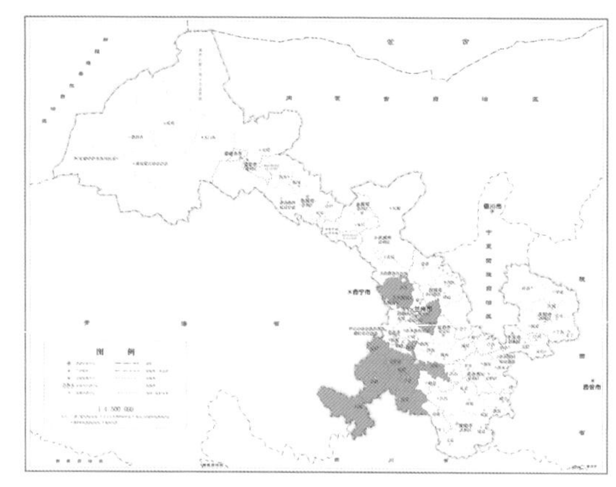

保护级别	IUCN 濒危等级	CITES 附录级别	主管单位
二级	无危	—	林草部门

识别要点：多年生草本，高30～75厘米。须根纤维状。叶全部基生，莲座状，叶片倒披针形或狭倒卵形，长3～18厘米，宽1～4厘米；叶柄长6～34厘米，基部略扩大成鞘。花葶1～6个，基生，通常具肋，被棕黄色、具分枝且反折的刚毛。花单生于基生花葶上，下垂；萼片卵形，外面密被淡黄色或棕褐色、具分枝的刚毛；花瓣4枚，有时6枚，椭圆形，深红色；花丝条形，粉红色，花药长圆形，黄色；子房宽长圆形或卵形，花柱极短，柱头4～6圆裂。蒴果椭圆状长圆形。花果期6～9月。

生境描述：生于海拔2800～4300米的草地上或开旷灌丛中。

地理分布：夏河县、临潭县、卓尼县、合作市、迭部县、玛曲县、康乐县、永登县、榆中县、漳县。

保护原因：我国特有物种，具有重要的经济和科学研究价值。

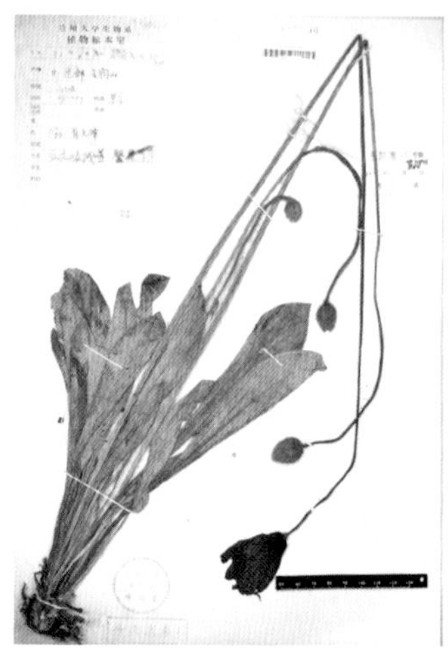

八角莲

Dysosma versipellis

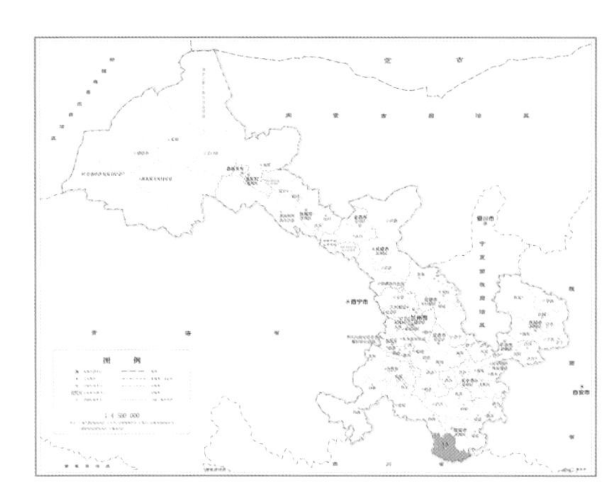

保护级别	IUCN 濒危等级	CITES 附录级别	主管单位
二级	易危	—	林草部门

识别要点：多年生草本，植株高40～150厘米。根状茎粗壮，多须根。茎直立，不分枝，无毛。茎生叶2枚，薄纸质，互生，盾状，近圆形，4～9掌状浅裂，裂片阔三角形，卵形或卵状长圆形，叶脉明显隆起，边缘具细齿。花梗被柔毛；花深红色，5～8朵簇生于离叶基部不远处，下垂；萼片6枚，长圆状椭圆形；花瓣6枚，勺状倒卵形，无毛；雄蕊6枚，花丝短于花药，药隔先端急尖，无毛；子房椭圆形，无毛，花柱短，柱头盾状。浆果椭圆形，种子多数。花期3～6月，果期5～9月。

生境描述：生于海拔300～2400米的山坡林下、灌丛、溪旁阴湿处、竹林。

地理分布：文县。

保护原因：八角莲可药用。叶形奇特，又可供观赏，具有重要的经济价值。

桃儿七

Sinopodophyllum hexandrum

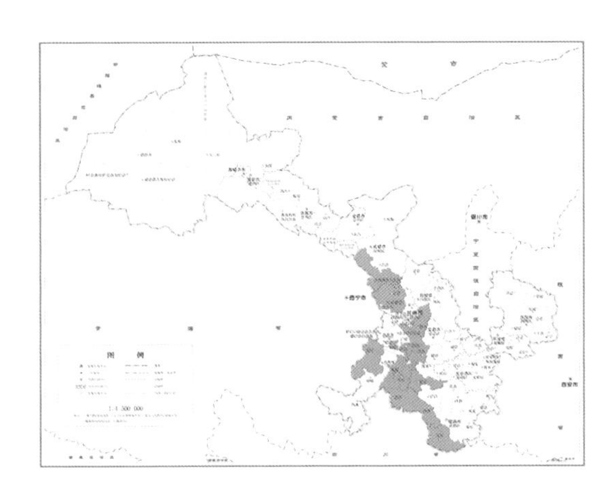

保护级别	IUCN 濒危等级	CITES 附录级别	主管单位
二级	无危	附录Ⅱ	林草部门

识别要点：多年生草本，植株高20～50厘米。根状茎粗短，多须根；茎直立，单生，无毛。叶2枚，薄纸质，非盾状，基部心形；叶柄长10～25厘米，具纵棱，无毛。花大，单生，先叶开放，粉红色；萼片6枚，早萎；花瓣6枚；雄蕊6枚，花丝较花药稍短；雌蕊1枚，子房1室，侧膜胎座，含多数胚珠，花柱短，柱头头状。浆果卵圆形，熟时橘红色；种子卵状三角形，红褐色，无肉质假种皮。花期5～6月，果期7～9月。

生境描述：生于海拔2200～4300米的林下、林缘湿地、灌丛中或草丛中。

地理分布：临潭县、舟曲县、卓尼县、夏河县、迭部县、和政县、榆中县、永登县、临洮县、渭源县、岷县、天祝县、文县。

保护原因：桃儿七的根状茎与果实均有较高的药用价值。桃儿七也是东亚和北美植物区系中的一个洲际间断分布的物种，对研究东亚、北美植物区系有一定的科学价值。

独叶草

Kingdonia uniflora

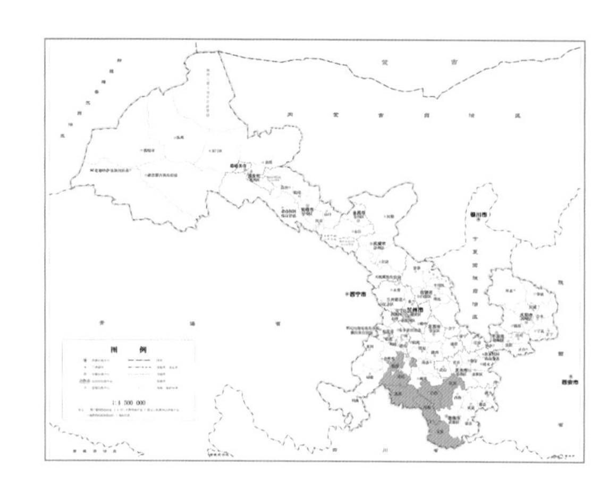

保护级别	IUCN 濒危等级	CITES 附录级别	主管单位
二级	易危	—	林草部门

识别要点：多年生小草本，无毛。根状茎细长，自顶端芽中生出1叶和1条花葶。叶基生，有长柄，叶片心状圆形，宽3.5～7厘米，五全裂，中、侧全裂片三浅裂，最下面的全裂片不等二深裂，顶部边缘有小牙齿，背面粉绿色，叶柄长5～11厘米。花葶高7～12厘米，花直径约8毫米；萼片5～6枚，淡绿色，卵形；花瓣不存在；退化雄蕊长1.6～2.1毫米，雄蕊长2～3毫米，花药长约0.3毫米；花柱与子房近等长。瘦果扁，狭倒披针形，宿存花柱长3.5～4毫米，向下反曲，种子狭椭圆球形，长约3毫米。花期5～6月。

生境描述：生于海拔2700～3900米的山地冷杉林下或杜鹃灌丛下。

地理分布：文县、宕昌县、礼县、舟曲县、迭部县、卓尼县。

保护原因：我国特有的单种属植物，对研究被子植物的进化有一定的科学意义。独叶草的生境退化或丧失，数量稀少，受威胁严重。

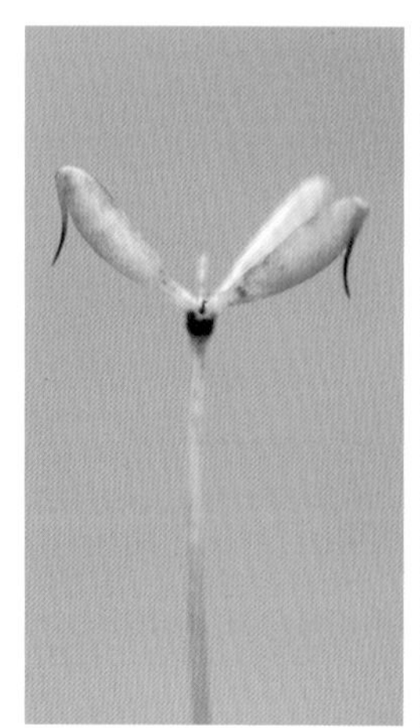

黄连

Coptis chinensis

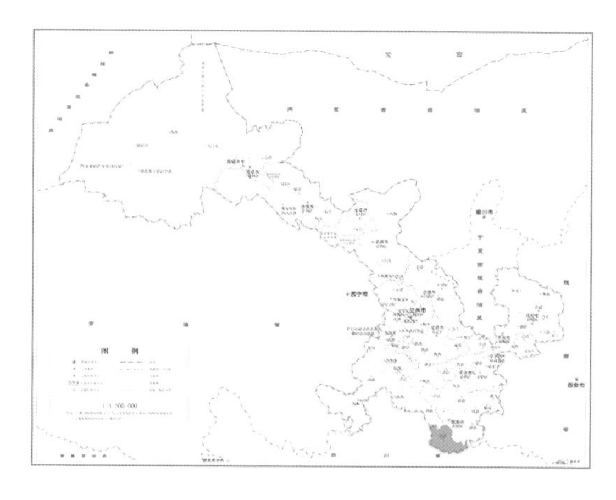

保护级别	IUCN 濒危等级	CITES 附录级别	主管单位
二级	易危	—	林草部门

识别要点：根状茎黄色，常分枝，密生多数须根。叶有长柄，长5～12厘米，无毛；叶片稍带革质，卵状三角形，宽达10厘米，三全裂。花葶1～2条；二歧或多歧聚伞花序，有3～8朵花；苞片披针形，三或五羽状深裂；萼片黄绿色，长椭圆状卵形，长9～12.5毫米，宽2～3毫米；花瓣线形或线状披针形，长5～6.5毫米，顶端渐尖，中央有蜜槽；雄蕊约20枚，花药长约1毫米，花丝长2～5毫米；心皮8～12枚，花柱微外弯。蓇葖果长6～8毫米；种子7～8粒，长椭圆形，褐色。花期2～3月，果期4～6月。

生境描述：生于海拔500～2000米的山地阔叶林中或山谷阴处。

地理分布：文县。

保护原因：我国特有物种，为著名传统中药，具有重要的经济价值。

水青树

Tetracentron sinense

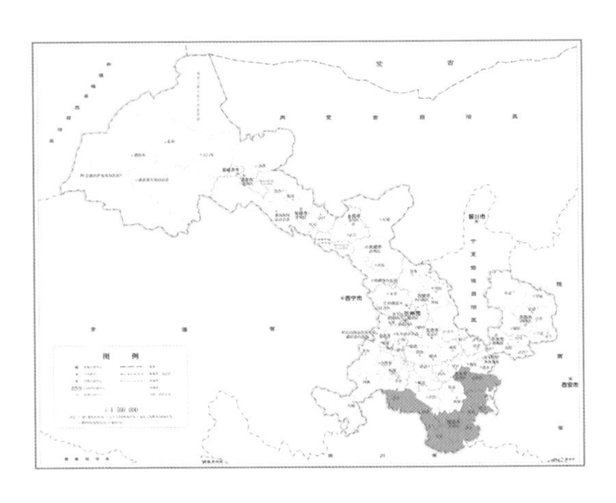

保护级别	IUCN 濒危等级	CITES 附录级别	主管单位
二级	无危	—	林草部门

识别要点：乔木，高可达30米，全株无毛；树皮灰褐色或灰棕色而略带红色，片状脱落。叶片卵状心形，长7～15厘米，宽4～11厘米，顶端渐尖，基部心形，边缘具细锯齿，齿端具腺点，两面无毛，背面略被白霜，掌状脉5～7条。花小，呈穗状花序，花序下垂，着生于短枝顶端，多花；花直径1～2毫米，花被淡绿色或黄绿色；雄蕊与花被片对生，长为花被2.5倍；心皮沿腹缝线合生。果长圆形，棕色，沿背缝线开裂；种子4～6粒，条形。花期6～7月，果期9～10月。

生境描述：生于海拔1700～3500米的沟谷林及溪边杂木林中。

地理分布：舟曲县、迭部县、文县、徽县、成县、康县、武都区、天水市。

保护原因：水青树是古老的孑遗植物，在被子植物中，它的木材无导管，对研究我国古代植物区系的演化、被子植物系统和起源具有重要的科学价值。

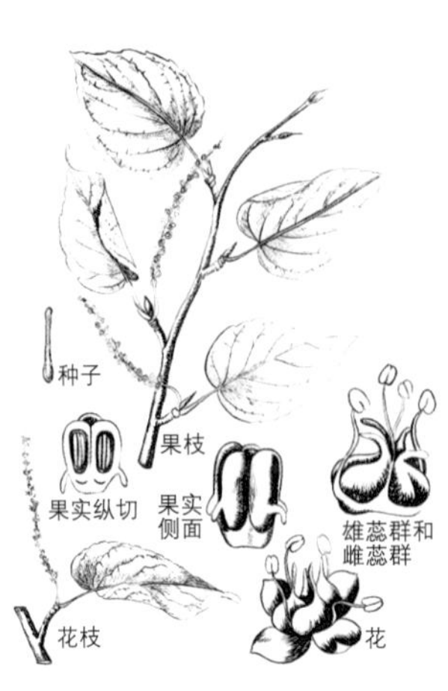

四川牡丹

Paeonia decomposita

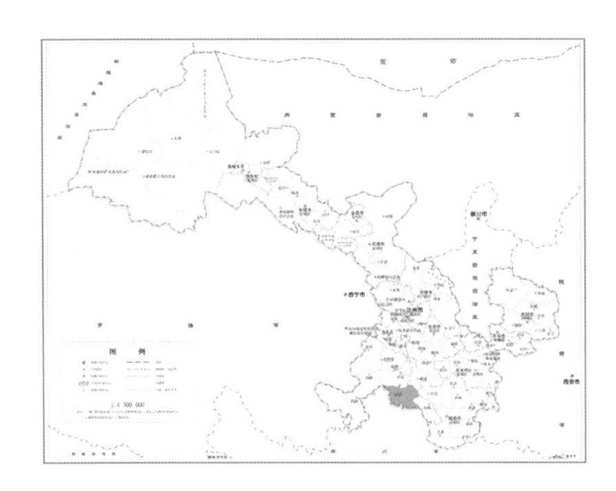

保护级别	IUCN 濒危等级	CITES 附录级别	主管单位
二级	濒危	—	农业部门

名称变化：在《中国植物志》中记录为四川牡丹*Paeonia szechuanica*。

识别要点：落叶灌木。树皮灰黑色，片状脱落。叶为3～4回三出复叶；叶片长10～15厘米；小叶35～65枚，顶生小叶卵形或倒卵形，长2.5～6.5厘米，宽1.2～4.5厘米，3裂达中部或近全裂，裂片再3浅裂。花单生枝顶，直径10～15厘米；苞片2～5枚，大小不等，线状披针形；萼片3～5枚，宽倒卵形，顶端骤尖；花瓣9～12枚，玫瑰色、红色，倒卵形，先端通常两裂，呈不规则波状或凹缺；花丝白色，花药黄色；花盘薄纸质，白色，杯状，包住心皮1/2～2/3，顶端裂片三角状；心皮4～6枚。花期4～5月，果期8月。

生境描述：生于海拔2000～3200米的山坡疏林或灌丛中。

地理分布：迭部县。

保护原因：我国特有物种，花大而美丽，是理想的花卉资源。分布区极狭窄，濒临灭绝。

紫斑牡丹

Paeonia rockii

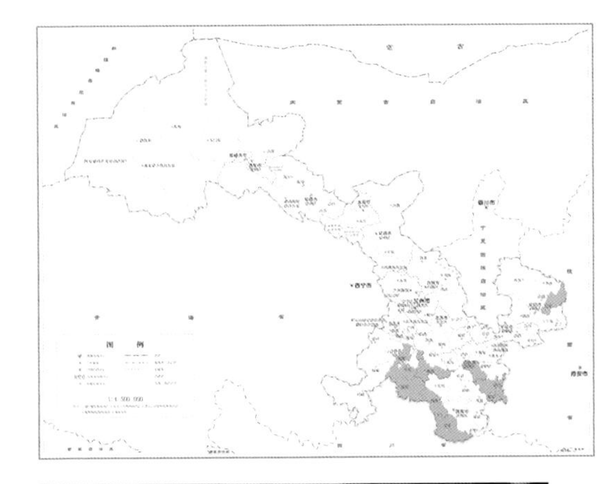

保护级别	IUCN 濒危等级	CITES 附录级别	主管单位
一级	易危	—	农业部门

名称变化：在《中国植物志》中记录为紫斑牡丹 *Paeonia suffruticosa* var. *papaveracea*，*Flora of China* 将甘肃文县有分布的林氏牡丹 *Paeonia rockii* subsp. *linyanshanii* 并入本种。

识别要点：落叶灌木。茎灰色或灰棕色，剥落成鳞片状。近枝顶叶为2～3回羽状复叶，具17～33枚小叶；小叶披针形或卵状披针形，大部分全缘，基部截形到楔形，先端锐尖或渐尖。花单生枝顶；苞片3枚，叶形；萼片2枚，绿色，卵圆形，先端锐尖或尾状；花瓣白色，基部具深紫色斑点；花丝黄色；花药黄色。花盘花期完全包裹心皮，淡黄，革质，先端齿状或浅裂；柱头淡黄色。蓇葖果长圆形。花期4～5月，果期8月。

生境描述：生于海拔1100～2800米的山坡林下灌丛中。

地理分布：迭部县、卓尼县、舟曲县、岷县、徽县、两当县、文县、合水县、秦州区。

保护原因：我国特有物种，是珍贵的花卉种质资源，根皮供药用。对研究芍药属的系统发育和培育牡丹新品种，都具有一定的意义。人为采挖严重，种群数量急剧下降。

太白山紫斑牡丹

Paeonia rockii subsp. *atava*

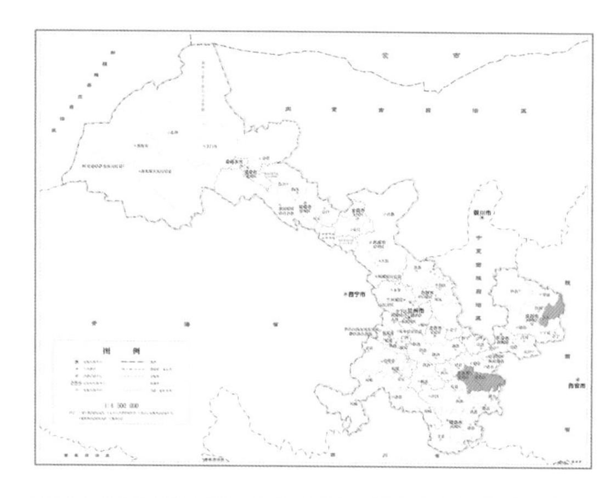

保护级别	IUCN 濒危等级	CITES 附录级别	主管单位
二级	易危	—	农业部门

名称变化：在《中国植物志》中无记录，收录于*Flora of China*。

识别要点：落叶灌木。茎灰色或灰棕色，剥落成鳞片状。近枝顶叶为2～3回羽状复叶，具17～33枚小叶；小叶卵形到卵圆形，大多数浅裂，长2～11厘米，宽1.5～4.5厘米，基部截形到楔形，先端锐尖或渐尖。花单生枝顶，径达13～19厘米；苞片3枚，叶形；萼片2枚，绿色，卵圆形；花瓣白色，基部具深紫色斑点；花丝黄色；花药黄色；花盘花期完全包裹心皮，淡黄，革质，先端齿状或浅裂；柱头淡黄色。蓇葖果长圆形。花期4～5月，果期8月。

生境描述：生于海拔1300～2000米的落叶阔叶林林缘。

地理分布：合水县、天水市。

保护原因：我国特有物种，具有重要的经济和文化价值，珍贵的花卉种质资源。

连香树

Cercidiphyllum japonicum

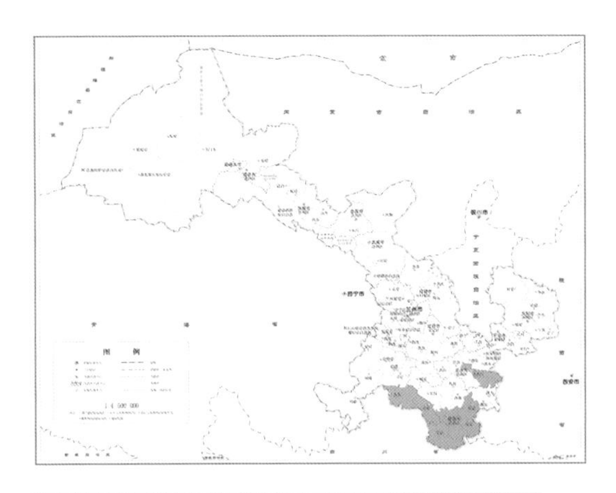

保护级别	IUCN 濒危等级	CITES 附录级别	主管单位
二级	无危	—	林草部门

识别要点： 落叶大乔木；树皮灰色或棕灰色；小枝无毛，短枝在长枝上对生。生短枝上的叶近圆形、宽卵形或心形，生长枝上的叶椭圆形或三角形，先端圆钝或急尖，基部心形或截形，边缘有圆钝锯齿；叶柄长1～2.5厘米，无毛。雄花常4朵，丛生，近无梗；苞片在花期红色，膜质，卵形；花丝长4～6毫米，花药长3～4毫米；雌花2～8朵，丛生；花柱长1～1.5厘米。蓇葖果2～4个，荚果状，褐色或黑色，有宿存花柱；种子数个，扁平四角形，褐色，先端有透明翅。花期4月，果期8月。

生境描述： 生于海拔600～2700米的山谷边缘或林中开阔地的杂木林中。

地理分布： 文县、成县、武都区、康县、舟曲县、迭部县、麦积区。

保护原因： 连香树为第三纪孑遗植物，中国和日本的间断分布种。对于阐明第三纪植物区系起源以及中国与日本植物区系的关系，均有科研价值。

长鞭红景天

Rhodiola fastigiata

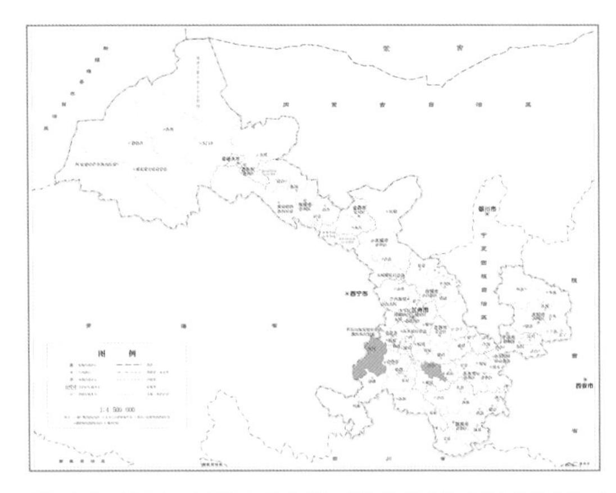

保护级别	IUCN 濒危等级	CITES 附录级别	主管单位
二级	无危	附录Ⅱ	林草部门

识别要点：多年生草本。根颈为残留老枝，长达50厘米以上，成鞭状，不分枝或少分枝。花茎4～10个，着生主轴顶端，长8～20厘米，直径1.2～2毫米。叶互生，线状长圆形、线状披针形、椭圆形至倒披针形。雌雄异株。花序伞房状，花密生；萼片5枚，线形或长三角形；花瓣5枚，红色，长圆状披针形，长5毫米，宽1.3毫米；雄蕊10枚，长达5毫米，对瓣的着生基部上1毫米处；鳞片5枚，横长方形；心皮5枚，披针形，花柱长。蓇葖果长7～8毫米，先端稍向外弯。花期6～8月，果期9月。

生境描述：生于海拔2500～5400米的山坡石上、路边草丛或岩石缝中。

地理分布：夏河县、漳县。

保护原因：具有重要的经济价值，人为采挖严重。

四裂红景天

Rhodiola quadrifida

保护级别	IUCN 濒危等级	CITES 附录级别	主管单位
二级	无危	附录Ⅱ	林草部门

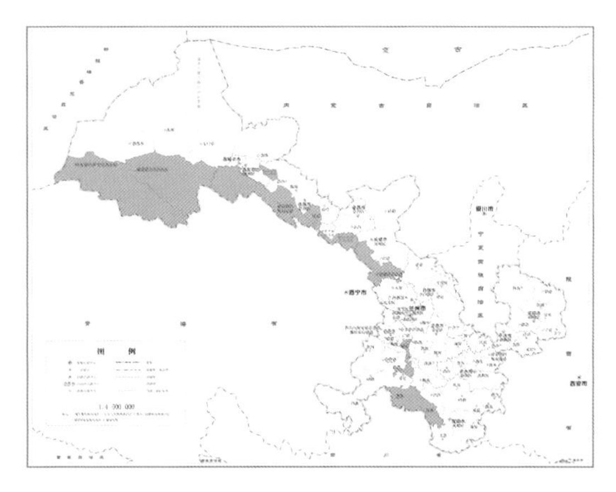

识别要点：多年生草本，老枝宿存，主根长达18厘米。根颈直径1～3厘米，分枝；老的枝茎宿存，常在100以上。花茎细，直径0.5～1毫米，高3～15厘米。叶互生，无柄，线形，先端急尖，全缘。伞房花序花少数，花梗与花同长或较短；萼片4枚，线状披针形；花瓣4枚，紫红色，长圆状倒卵形，长4毫米，宽1毫米；雄蕊8枚，与花瓣同长或稍长，花丝与花药黄色；鳞片4枚，近长方形。蓇葖果4枚，披针形；种子长圆形，褐色，有翅。花期5～6月，果期7～8月。

生境描述：生于海拔2900～5200米的山坡石上、路边草丛或岩石缝中。

地理分布：迭部县、舟曲县、临潭县、康乐县、肃南县、民乐县、天祝县、阿克塞县、肃北县。

保护原因：具有重要的经济价值，人为采挖严重。

红景天

Rhodiola rosea

保护级别	IUCN 濒危等级	CITES 附录级别	主管单位
二级	易危	附录Ⅱ	林草部门

识别要点：多年生草本。根粗壮，直立。根颈短，先端被鳞片。花茎高20～30厘米。叶疏生，长圆形至椭圆状倒披针形或长圆状宽卵形，长7～35毫米，宽5～18毫米。雌雄异株。花序伞房状，密集多花，长2厘米，宽3～6厘米；萼片4枚，披针状线形；花瓣4枚，黄绿色，线状倒披针形或长圆形；雄花中雄蕊8枚，较花瓣长；鳞片4枚，长圆形，长1～1.5毫米，宽0.6毫米，上部稍狭，先端有齿状微缺；雌花中心皮4枚，花柱外弯。蓇葖果披针形或线状披针形；种子披针形。花期4～6月，果期7～9月。

生境描述：生于海拔1800～2700米的山坡林下或草坡上。

地理分布：舟曲县。

保护原因：具有重要的经济价值，人为采挖严重。

唐古红景天

Rhodiola tangutica

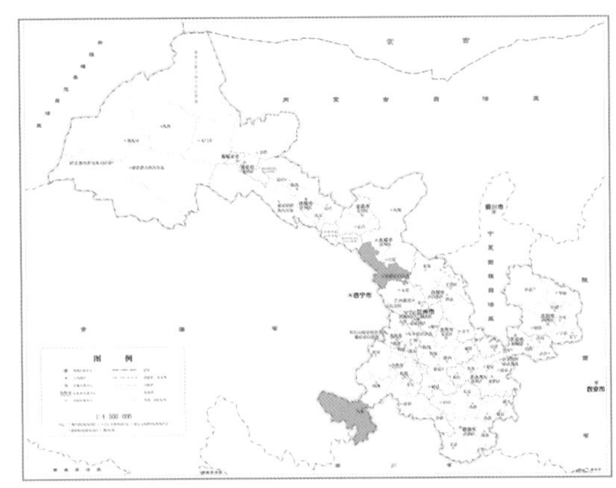

保护级别	IUCN 濒危等级	CITES 附录级别	主管单位
二级	易危	附录Ⅱ	林草部门

名称变化： 在《中国植物志》中记录为唐古红景天 *Rhodiola algida* var. *tangutica*。

识别要点： 多年生草本。主根粗长，分枝；根茎无残留老枝茎。叶线形，长1～1.5厘米，宽不及1毫米，先端钝渐尖，无柄。雌雄异株；花序紧密，伞房状，花序下有苞叶；萼片5枚，线状长圆形，先端钝；花瓣5枚，长圆状披针形，长4毫米，宽0.8毫米，先端钝渐尖；雄蕊10枚，对瓣的长约2.5毫米，在基部上约1.5毫米着生，对萼的长4.5毫米，鳞片5片，四方形，先端有微缺。雌株花茎果时高15～30厘米，直径约3毫米，棕褐色。蓇葖果5个，狭披针形，长达1厘米，喙短。花期5～8月，果期8月。

生境描述： 生于海拔2000～4700米的石缝中或近水边。

地理分布： 玛曲县、天祝县。

保护原因： 我国特有物种，具有重要的经济价值，人为采挖严重。

云南红景天

Rhodiola yunnanensis

保护级别	IUCN 濒危等级	CITES 附录级别	主管单位
二级	无危	附录Ⅱ	林草部门

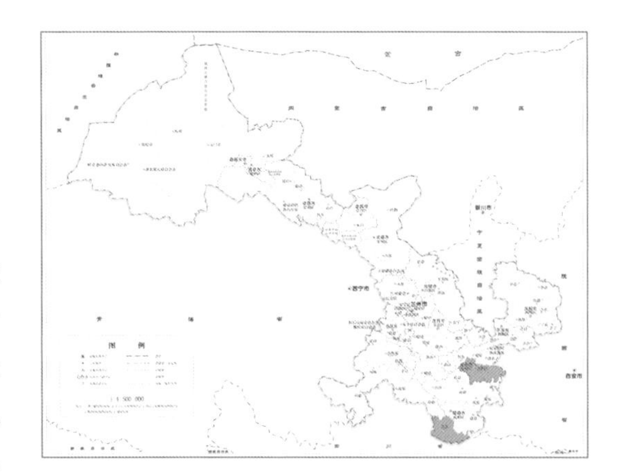

识别要点：多年生草本。根颈粗，不分枝或少分枝。花茎单生或少数着生，无毛。3叶轮生，稀对生，卵状披针形、椭圆形、卵状长圆形至宽卵形，长4～9厘米，宽2～6厘米。聚伞圆锥花序，长5～15厘米，宽2.5～8厘米，多次三叉分枝；雌雄异株，稀两性花；雄花小，多，萼片4枚，披针形；花瓣4枚，黄绿色，匙形；雄蕊8枚，较花瓣短；鳞片4枚，楔状四方形；雌花萼片、花瓣各4枚，绿色或紫色，线形，鳞片4枚，近半圆形。蓇葖果芒状排列。花期5～7月，果期7～8月。

生境描述：生于海拔2000～4000米的山坡林下或草坡上。

地理分布：文县、天水市。

保护原因：我国特有物种，具有重要的经济价值，人为采挖严重。

锁阳

Cynomorium songaricum

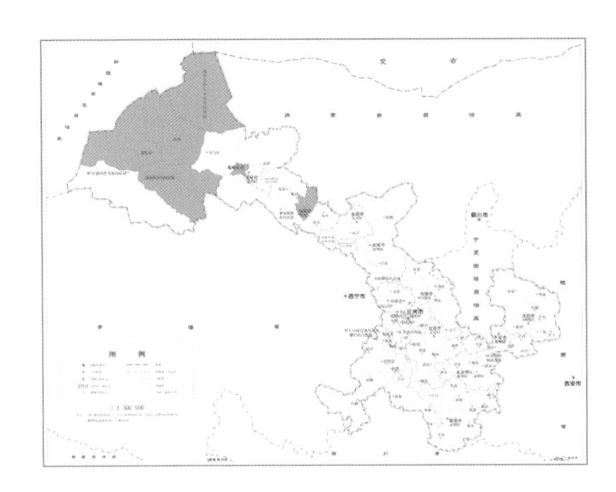

保护级别	IUCN 濒危等级	CITES 附录级别	主管单位
二级	易危	—	农业部门

识别要点： 多年生肉质寄生草本，无叶绿素，全株红棕色，高15～100厘米，大部分埋于沙中。茎圆柱状，着生螺旋状排列脱落性鳞片叶；鳞片叶卵状三角形。肉穗花序生于茎顶，其上着生密集小花；雄花、雌花和两性花杂生，花序中散生鳞片状叶；雄花花被片通常4枚，离生或稍合生，倒披针形或匙形；雄蕊1枚，花丝粗；雌花花被片5～6枚，条状披针形；花柱棒状；子房半下位；两性花少见。果为小坚果状。种子近球形，深红色，种皮坚硬而厚。花期5～7月，果期6～7月。

生境描述： 生于荒漠草原或草原化荒漠与荒漠地带的河边、湖边、池边等且有白刺、红砂生长的盐碱地区。

地理分布： 肃北县、敦煌市、瓜州县、嘉峪关市、张掖市。

保护原因： 除去花序的肉质茎供药用，具有重要的经济价值。

四合木

Tetraena mongolica

保护级别	IUCN 濒危等级	CITES 附录级别	主管单位
二级	易危	—	林草部门

识别要点： 灌木，高40～80厘米。托叶卵形，膜质，白色；叶近无柄，老枝叶近簇生，当年枝叶对生；叶片倒披针形，先端锐尖，有短刺尖，两面密被伏生叉状毛，呈灰绿色，全缘。花单生叶腋；萼片4枚，卵形，灰绿色；花瓣4枚，白色；雄蕊8枚，2轮，外轮较短，花丝近基部有白色膜质附属物，具花盘；子房上位，4裂，4室。果4瓣裂，果瓣长卵形或新月形，花柱宿存。种子矩圆状卵形，表面被小疣状突起。花期5～6月，果期7～8月。

生境描述： 生于草原化荒漠、黄河阶地、低山山坡。

地理分布： 甘肃无野生分布，民勤县有栽培。

保护原因： 我国特有的单种属植物，1.4亿年前古地中海的孑遗物种。四合木属于蒺藜科，但其形态特征与主产南美洲的金虎尾科近缘，这反映出它与古地中海植物区系成分的联系，具有科学研究价值。此外，四合木还具有重要的经济和生态价值。

沙冬青

Ammopiptanthus mongolicus

保护级别	IUCN 濒危等级	CITES 附录级别	主管单位
二级	易危	—	林草部门

名称变化：《中国植物志》中的小沙冬青 *Ammopiptanthus nanus* 已并入本种。

识别要点：常绿灌木。单叶或掌状三出复叶，革质；托叶小，钻形或线形，与叶柄合生，先端分离；小叶全缘，被银白色绒毛。总状花序顶生于短枝上；苞片小，脱落，具小苞片；花萼钟形，近无毛，萼齿5枚，上方2齿合生；花冠黄色，旗瓣和翼瓣近等长，龙骨瓣背部分离；雄蕊10枚，花丝分离，花药圆形，同型；子房具柄，花柱细长，柱头小。荚果扁平，瓣裂，长圆形，具果颈。种子圆肾形，有种阜。花期4～5月，果期5～6月。

生境描述：生于沙丘、河滩边台地。

地理分布：景泰县、民勤县。

保护原因：沙冬青是古地中海植物区系适应中亚干旱环境的孑遗物种，对于研究豆科植物的系统发育、古植物区系、古地理及第三纪气候特征，特别是研究亚洲中部荒漠植被的起源和形成具有重要的科学价值。此外，还具有重要的生态价值。

野大豆

Glycine soja

保护级别	IUCN 濒危等级	CITES 附录级别	主管单位
二级	无危	—	农业部门

识别要点： 一年生缠绕草本。全株疏被褐色长硬毛。叶具3小叶；托叶卵状披针形；顶生小叶卵圆形或卵状披针形，侧生小叶斜卵状披针形。总状花序通常短；花小；苞片披针形；花萼钟状，密生长毛，裂片5枚，三角状披针形，先端锐尖；花冠淡红紫色或白色，旗瓣近圆形，先端微凹，基部具短瓣柄，翼瓣斜倒卵形，有明显的耳，龙骨瓣比旗瓣及翼瓣短小，密被长毛。荚果长圆形，密被长硬毛，种子间稍缢缩，干时易裂。花期7～8月，果期8～10月。

生境描述： 生于阔叶林下或林缘，亦见于潮湿的田边、园边、沟旁、河岸、湖边、沼泽、草甸等。

地理分布： 正宁县、合水县、麦积区、文县、徽县、武都区。

保护原因： 野大豆具有许多优良性状，如耐盐碱、抗寒、抗病等，与大豆是近缘种，是重要的种质资源。

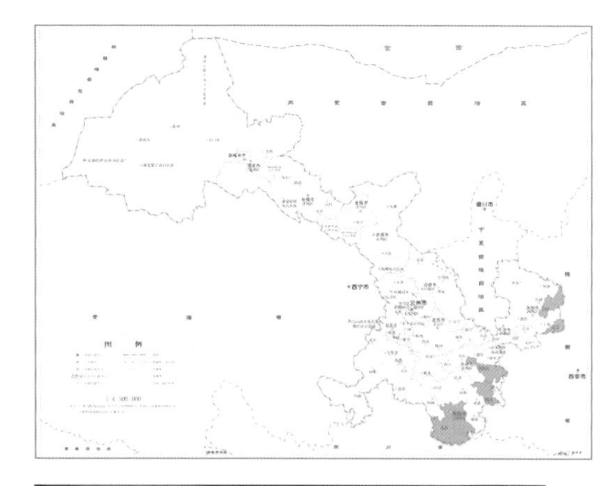

胀果甘草

Glycyrrhiza inflata

保护级别	IUCN 濒危等级	CITES 附录级别	主管单位
二级	无危	—	林草部门

识别要点：多年生草本。根与根状茎粗壮，有甜味。茎直立，基部带木质，多分枝，全株被毛。羽状复叶；托叶小，三角状披针形，早落；小叶3～9枚，卵形、椭圆形或长圆形。总状花序腋生，具多数疏生的花；苞片长圆状披针形；花萼钟状，萼齿5枚，披针形，与萼筒等长，上部2齿在1/2以下连合；花冠紫色或淡紫色，旗瓣长椭圆形，翼瓣与旗瓣近等大，龙骨瓣稍短；二体雄蕊，荚果椭圆形或长圆形，两种子间膨胀或与侧面不同程度下隔。花期5～7月，果期6～10月。

生境描述：生于河岸阶地、水边、农田边或荒地中。

地理分布：敦煌市、瓜州县、金塔县、玉门市、榆中县。

保护原因：适口性较好的牧草之一，根是重要的中药材，人为采挖严重。

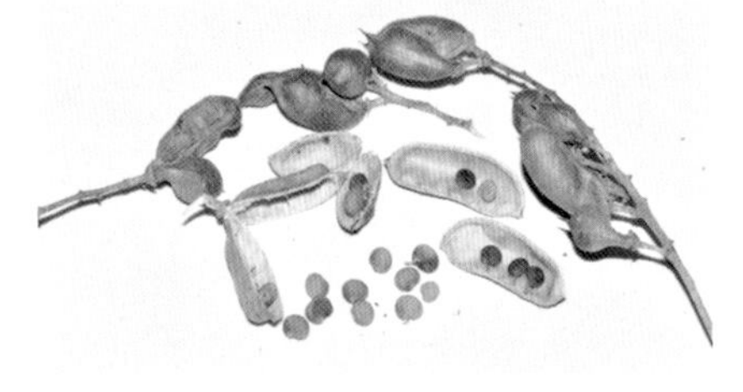

甘草

Glycyrrhiza uralensis

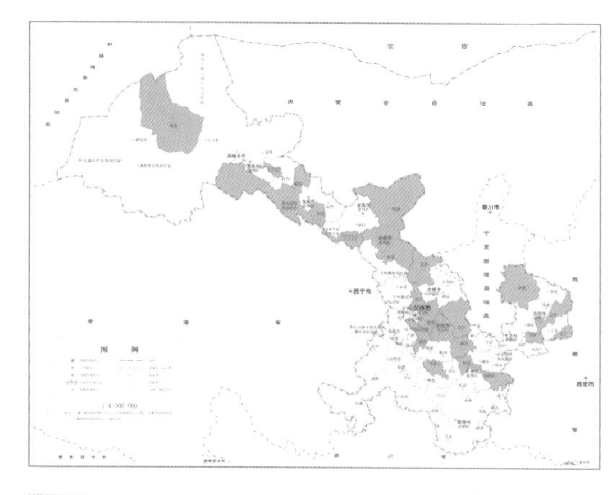

保护级别	IUCN 濒危等级	CITES 附录级别	主管单位
二级	无危	—	林草部门

识别要点：多年生草本。根与根状茎粗状，具甜味。茎直立，多分枝，全株被毛。托叶三角状披针形；小叶5～17枚，卵形、长卵形或近圆形。总状花序腋生，具多数花；苞片长圆状披针形；花萼钟状，基部偏斜并膨大呈囊状，萼齿5枚，与萼筒近等长，上部2齿大部分连合；花冠紫色、白色或黄色，旗瓣长圆形，翼瓣短于旗瓣，龙骨瓣短于翼瓣。荚果弯曲呈镰刀状或呈环状，密集成球，密生瘤状突起和刺毛状腺体。花期6～8月，果期7～10月。

生境描述：生于干旱沙地、河岸砂质地、山坡草地及盐渍化土壤中。

地理分布：临泽县、民乐县、肃南县、会宁县、景泰县、民勤县、古浪县、凉州区、西峰区、正宁县、合水县、环县、榆中县、皋兰县、泾川县、安定区、通渭县、漳县、临洮县、甘谷县、天水市、酒泉市。

保护原因：根和根状茎供药用，具有重要的经济价值，人为采挖严重。

红豆树

Ormosia hosiei

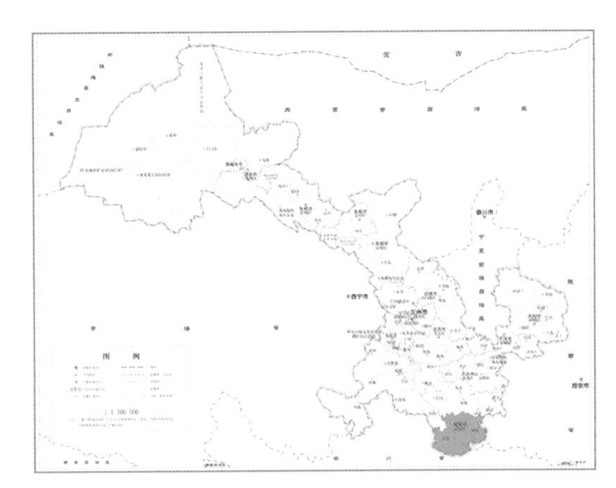

保护级别	IUCN 濒危等级	CITES 附录级别	主管单位
二级	濒危	—	林草部门

识别要点： 常绿或落叶乔木。树皮灰绿色，平滑。奇数羽状复叶，长12.5～23厘米；叶柄长2～4厘米，叶轴长3.5～7.7厘米；小叶常2对，稀见1对或3～4对，薄革质，卵形或卵状椭圆形。圆锥花序顶生或腋生；花萼钟形，萼齿三角形，紫绿色；花冠白色或淡紫色，旗瓣倒卵形，翼瓣与龙骨瓣均为长椭圆形；雄蕊10枚，离生。荚果近圆形，扁平，先端有短喙，果瓣近革质，无毛，内壁无隔膜，有种子1～2粒；种子近圆形或椭圆形，种脐明显，长9～10毫米。花期4～5月，果期10～11月。

生境描述： 生于海拔200～1200米的河旁、山坡、山谷林内。

地理分布： 文县、康县、武都区。

保护原因： 我国特有物种，具有重要的经济价值。优质木材，人为盗采严重。

绵刺

Potaninia mongolica

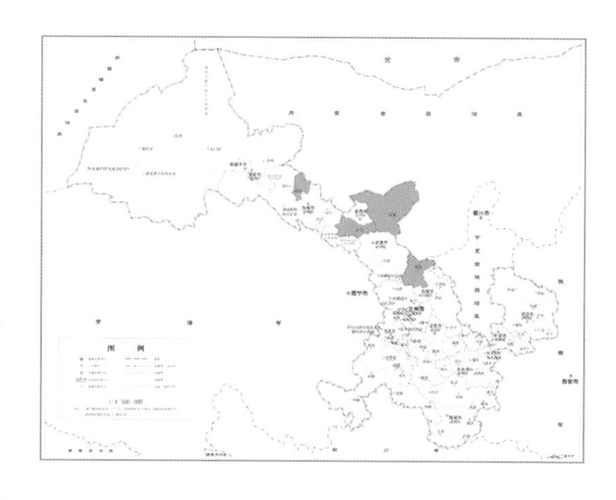

保护级别	IUCN 濒危等级	CITES 附录级别	主管单位
二级	易危	—	农业部门

识别要点：小灌木，高30～40厘米，皆被长绢毛。茎多分枝，灰棕色。羽状复叶，具3或5片小叶，先端急尖，基部渐狭，全缘，中脉及侧脉不显；叶柄坚硬，宿存成刺状；托叶卵形。花单生于叶腋，直径约3毫米；苞片卵形；萼筒漏斗状，萼片三角形，先端锐尖；花瓣3枚，卵形，白色或淡粉红色；雄蕊3枚，花丝比花瓣短，着生在膨大花盘边上，内面密被绢毛；子房卵形，具1胚珠。瘦果长圆形，外有宿存萼筒。花期6～9月，果期8～10月。

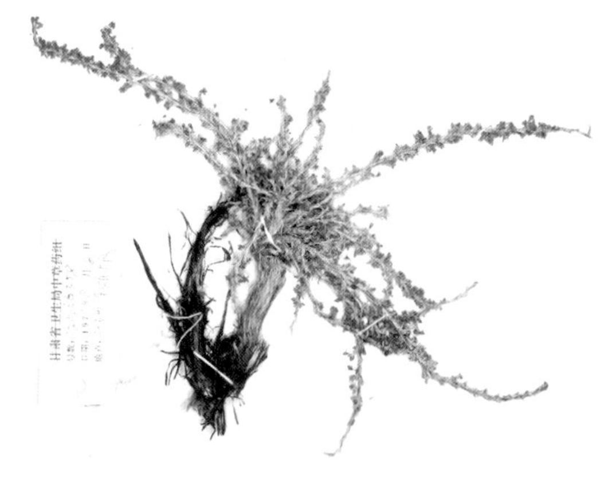

生境描述：生于砂质荒漠中，耐旱也极耐盐碱。

地理分布：景泰县、永昌县、民勤县、临泽县。

保护原因：单种属植物，是古老的孑遗种，具有一定的科学研究价值。

甘肃桃

Prunus kansuensis

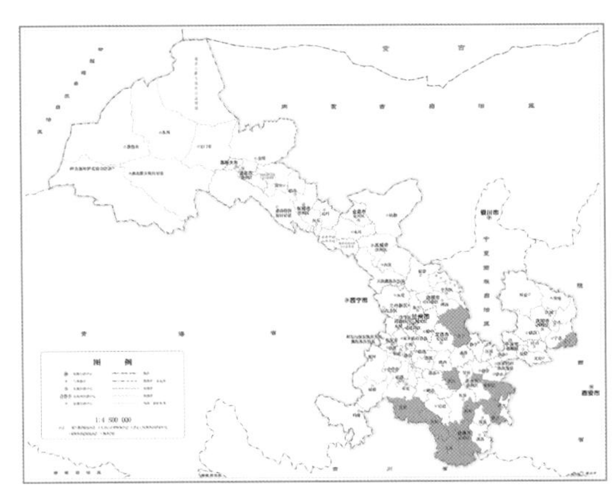

保护级别	IUCN 濒危等级	CITES 附录级别	主管单位
二级	无危	—	农业部门

名称变化： 在《中国植物志》中记录为甘肃桃*Amygdalus kansuensis*。

识别要点： 乔木或灌木。叶片卵状披针形或披针形，长5～12厘米，宽1.5～3.5厘米，在中部以下最宽，先端渐尖，基部宽楔形；叶柄长0.5～1厘米，无毛。花单生，先于叶开放，直径2～3厘米；花梗极短或几无梗；萼筒钟形，外被短柔毛；萼片卵形至卵状长圆形；花瓣近圆形或宽倒卵形，白色或浅粉红色；雄蕊20～30枚。果实卵圆形或近球形，直径约2厘米，外面密被短柔毛，肉质，熟时不开裂；核近球形，两侧明显，扁平，表面具纵、横浅沟纹，但无孔穴。花期3～4月，果期8～9月。

生境描述： 生于海拔1000～2300米的山地灌丛中。

地理分布： 舟曲县、迭部县、文县、武都区、西和县、徽县、武山县、麦积区、正宁县、会宁县。

保护原因： 栽培果树的种质资源。

蒙古扁桃

Prunus mongolica

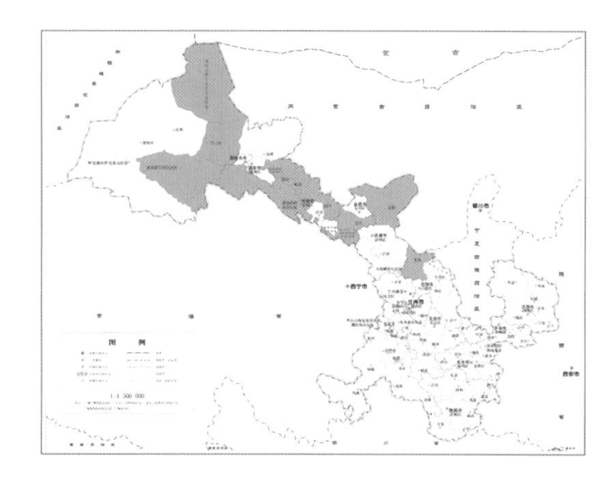

保护级别	IUCN 濒危等级	CITES 附录级别	主管单位
二级	易危	—	农业部门

名称变化：在《中国植物志》中记录为蒙古扁桃*Amygdalus mongolica*。

识别要点：灌木。枝条开展，多分枝，小枝顶端转变成枝刺；嫩枝被短柔毛。短枝上叶多簇生，长枝上叶常互生；叶片宽椭圆形、近圆形或倒卵形。花单生，稀数朵簇生于短枝上；萼筒钟形；萼片长圆形，与萼筒近等长；花瓣倒卵形，粉红色；雄蕊多数。果实宽卵球形，顶端具急尖头，外面密被柔毛；果肉薄，成熟时开裂，离核；核卵形，顶端具小尖头，基部两侧不对称，表面光滑，具浅沟纹，无孔穴。花期5月，果期8月。

生境描述：生于海拔1000～2400米荒漠区和荒漠草原区的低山丘陵坡麓、石质坡地及干河床。

地理分布：肃北县、玉门市、高台县、临泽县、肃南县、甘州区、山丹县、永昌县、民勤县、景泰县。

保护原因：栽培果树的种质资源。

矮扁桃

Prunus nana

保护级别	IUCN 濒危等级	CITES 附录级别	主管单位
二级	濒危	—	农业部门

名称变化： 在《中国植物志》中记录为矮扁桃 *Amygdalus nana*。

识别要点： 灌木。枝条直立开展，具大量缩短的小枝，嫩枝无毛。短枝上之叶多簇生，长枝上之叶互生；叶片狭长圆形、长圆披针形或披针形，两面无毛。花单生，与叶同时开放，直径约2厘米；花梗长4～6毫米；花萼外面无毛；萼筒圆筒形；萼片卵形或卵状披针形；花瓣为不整齐的倒卵形或长圆形，粉红色；雄蕊短于花瓣。果实卵球形；果肉干燥，成熟时开裂；核卵球形或长卵球形，两侧扁平，表面近光滑，有不明显的网纹，无孔穴。花期4～5月，果期6～7月。

生境描述： 生于海拔1200米附近干旱坡地、草原、洼地和谷地。

地理分布： 甘肃野生分布存疑，标本记录肃南县、卓尼县有分布。

保护原因： 栽培果树的种质资源。

单瓣月季花

Rosa chinensis var. *spontanea*

保护级别	IUCN 濒危等级	CITES 附录级别	主管单位
二级	濒危	—	林草部门

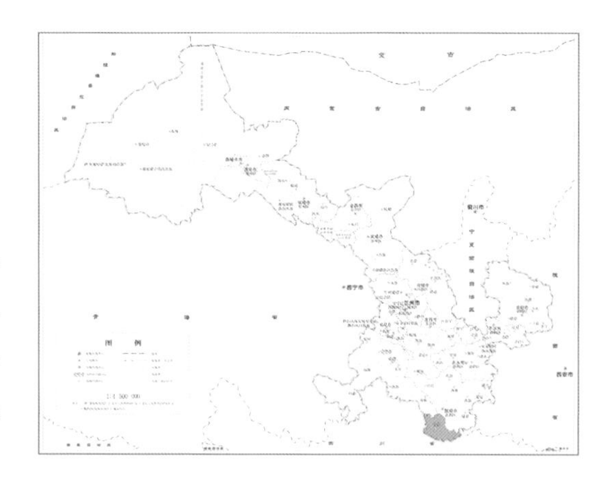

识别要点：直立灌木。小枝粗壮，圆筒形，近无毛，有宽扁皮刺。小叶3～5枚，小叶片宽卵形至卵状长圆形；托叶大部贴生于叶柄。花几朵集生，稀单生，直径4～5厘米；无苞片；花梗长2.5～6厘米，近无毛或有腺毛，萼片卵形，全缘，稀具少数裂片；花单瓣，红色，倒卵形，先端有凹缺，基部楔形；雄蕊多数分为数轮，花柱离生，伸出萼筒口外，约与雄蕊等长。瘦果着生在肉质萼筒内，成卵球形或梨形的果实，长1～2厘米，红色，萼片脱落。花期4～9月，果期6～11月。

生境描述：生于低海拔山坡杂木林中或灌丛中。

地理分布：甘肃野生分布存疑，标本记录文县有分布。

保护原因：月季花的原始种，具有重要的经济和文化价值。

亮叶月季

Rosa lucidissima

保护级别	IUCN 濒危等级	CITES 附录级别	主管单位
二级	极危	—	林草部门

识别要点：常绿或半常绿攀援灌木。有基部压扁的弯曲皮刺，有时密被刺毛。小叶通常3枚，极稀5枚；小叶片长圆状卵形或长椭圆形；托叶大部贴生。花单生，直径3～3.5厘米，花梗短，长6～12毫米，无苞片；萼片与花瓣近等长，长圆状披针形，花后反折；花瓣紫红色，宽倒卵形；雄蕊多数，着生在坛状花托口周围的突起花盘上；花柱离生，比雄蕊稍短，伸出萼筒口外。瘦果着生在肉质萼筒内，成梨形或倒卵球形果实，常呈黑紫色。花期4～6月，果期5～8月。

生境描述：生于海拔400～1400米的山坡杂木林中或灌丛中。

地理分布：文县。

保护原因：我国特有物种，观赏花卉的种质资源，具有重要的经济和文化价值。

大花香水月季

Rosa odorata var. *gigantea*

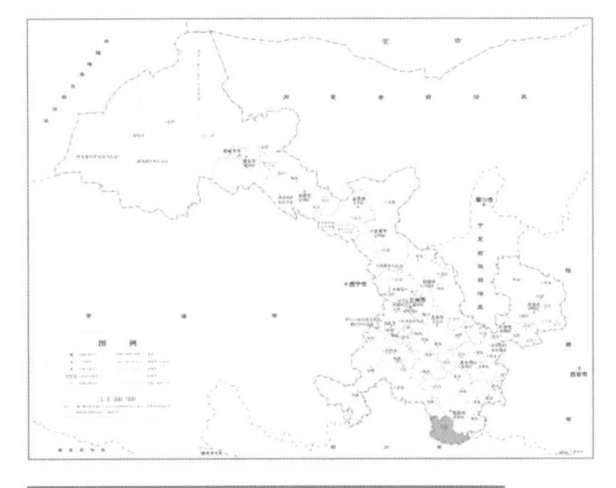

保护级别	IUCN 濒危等级	CITES 附录级别	主管单位
二级	未予评估	—	林草部门

识别要点：常绿或半常绿攀援灌木。有散生而粗短钩状皮刺。小叶5～9枚；小叶片椭圆形、卵形或长圆卵形，革质；托叶大部贴生于叶柄。花单生或2～3朵，直径5～8厘米；无苞片；花梗长2～3厘米；萼片全缘，稀有少数羽状裂片，披针形，先端长渐尖，外面无毛，内面密被长柔毛；花单瓣，芳香，乳白色，倒卵形，直径8～10厘米；雄蕊多数；花柱离生，伸出花托口外，约与雄蕊等长。瘦果着生在肉质萼筒内，成扁球形果实，稀梨形，外面无毛，果梗短。花期6～9月。

生境描述：生于低海拔山坡杂木林中或灌丛中。

地理分布：甘肃野生分布存疑，标本记录文县有分布。

保护原因：观赏花卉的种质资源，具有重要的经济和文化价值。

玫瑰

Rosa rugosa

保护级别	IUCN 濒危等级	CITES 附录级别	主管单位
二级	濒危	—	林草部门

识别要点：直立灌木。茎丛生；小枝密被绒毛，有针刺和腺毛，皮刺外被绒毛。小叶5～9枚；小叶片椭圆形或椭圆状倒卵形，长1.5～4.5厘米，宽1～2.5厘米，叶脉下陷，有褶皱；托叶大部贴生于叶柄。花单生于叶腋，或数朵簇生，苞片卵形；花直径4～5.5厘米；萼片卵状披针形；花瓣倒卵形，重瓣至半重瓣，芳香，紫红色至白色；雄蕊多数，花柱离生，被毛，稍伸出萼筒口外，比雄蕊短很多。瘦果着生在肉质萼筒内，成扁球形果实，肉质平滑，萼片宿存。花期5～6月，果期8～9月。

生境描述：生于山坡杂木林中或灌丛中。

地理分布：甘肃野生分布存疑，各地广泛栽培。

保护原因：观赏花卉的种质资源，具有重要的经济和文化价值。

大叶榉树

Zelkova schneideriana

保护级别	IUCN 濒危等级	CITES 附录级别	主管单位
二级	近危	—	林草部门

识别要点： 乔木，高达35米。树皮灰褐色至深灰色，呈不规则的片状剥落。叶厚纸质，大小形状变异很大，卵形至椭圆状披针形，长3～10厘米，宽1.5～4厘米，先端渐尖、尾状渐尖或锐尖，基部稍偏斜，圆形、宽楔形、稀浅心形，叶面绿，干后深绿至暗褐色，被糙毛，叶背浅绿，干后变淡绿至紫红色，密被柔毛，边缘具圆齿状锯齿，侧脉8～15对；叶柄粗短，长3～7毫米，被柔毛。雄花1～3朵簇生于叶腋，雌花或两性花常单生于小枝上部叶腋。核果。花期4月，果期9～11月。

生境描述： 生于海拔200～1200米溪间水旁或山坡土层较厚的疏林中。

地理分布： 麦积区、文县、康县、武都区。

保护原因： 我国特有物种，具有重要的经济和科学研究价值。

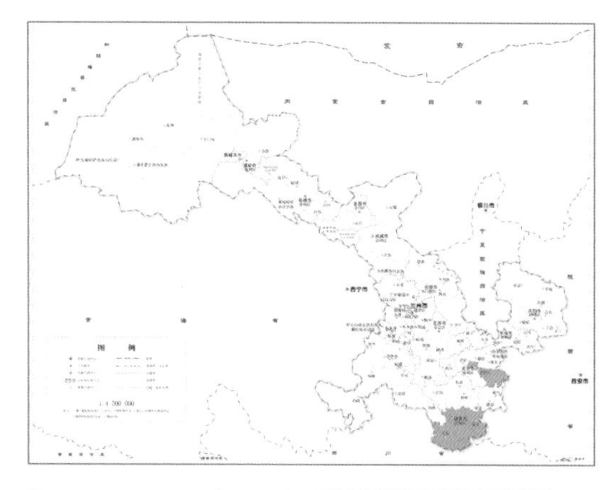

奶桑

Morus macroura

银川市
宁夏回族自治区
西宁市
兰州市
西安市
图例
1:4 500 000

保护级别	IUCN 濒危等级	CITES 附录级别	主管单位
二级	未予评估	—	林草部门

名称变化： *Flora of China* 将《中国植物志》中的毛叶奶桑 *Morus macroura* var. *mawu* 并入本种。

识别要点： 小乔木，高7～12米。叶膜质，卵形或宽卵形，长5～15厘米，宽5～9厘米，边缘具细密锯齿；叶柄长2～4厘米；托叶细小，早落。雌雄异株。雄花序穗状，单生或成对腋生；雄花具梗，花被片4枚，卵形，外面被毛，雄蕊4枚，花丝长约2.5毫米，花药近球形，退化雌蕊方形；雌花序狭圆筒形，长6～12厘米，总花梗与雄花总梗相等，花被片4枚，被毛，无花柱，柱头2裂，内面有乳头状突起。聚花果超过6厘米；小核果，卵球形，微扁。花期3～4月，果期4～5月。

生境描述： 生于海拔300～2200米的山谷或沟边林中向阳地。

地理分布： 文县。

保护原因： 具有重要的经济和科学研究价值。

尖叶栎

Quercus oxyphylla

保护级别	IUCN 濒危等级	CITES 附录级别	主管单位
二级	无危	—	林草部门

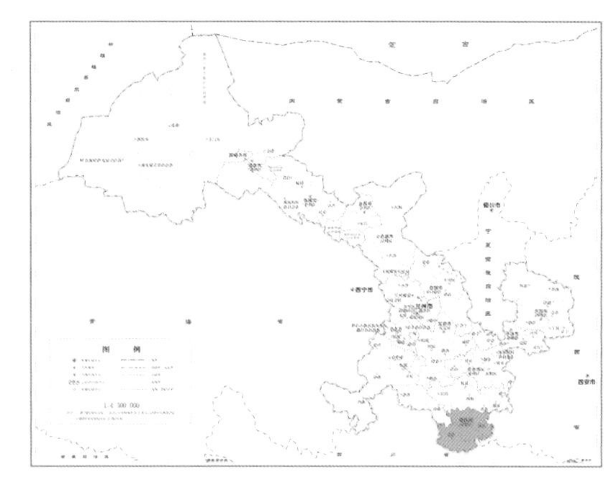

识别要点：常绿乔木，高达20米，树皮黑褐色，纵裂。小枝常有细纵棱。叶片卵状披针形、长圆形或长椭圆形，长5～12厘米，宽2～6厘米，顶端渐尖或短渐尖，基部圆形或浅心形，叶缘上部有浅锯齿或全缘，侧脉每边6～12条；叶柄密被苍黄色星状毛。壳斗杯形，包着坚果约1/2，连小苞片直径1.8～2.5厘米；小苞片线状披针形，先端反曲，被苍黄色绒毛。坚果长椭圆形或卵形，直径1～1.4厘米，高2～2.5厘米，顶端被苍黄色短绒毛；果脐微突起。花期5～6月，果期翌年9～10月。

生境描述：生于海拔200～2900米的山坡、山谷地带及山顶阳处或疏林中。

地理分布：文县、康县、武都区。

保护原因：我国特有物种，具有重要的经济和科学研究价值。

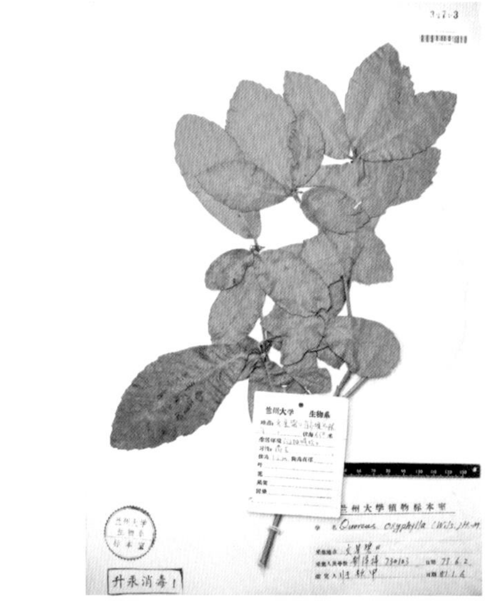

梓叶槭

Acer amplum subsp. *catalpifolium*

保护级别	IUCN 濒危等级	CITES 附录级别	主管单位
二级	无危	—	林草部门

名称变化： 在《中国植物志》中记录为梓叶槭*Acer catalpifolium*。

识别要点： 落叶乔木，高达25米。树皮平滑，深灰色或灰褐色。叶纸质，卵形或长圆卵形，长10～20厘米，宽5～9厘米，基部圆形，先端钝尖具尾状尖尾，上面无毛，下面除脉腋具黄色丛毛外，其余均无毛。伞房花序长6厘米，直径20厘米，具长2～3毫米总花梗；花黄绿色，杂性，雄花与两性花同株；萼片5枚，长圆卵形；花瓣5枚，长圆倒卵形或倒披针形。小坚果压扁状，卵形；翅长3.5～4厘米，连同小坚果长5～5.5厘米，展开成锐角或近于直角，脉纹不明显。花期4月上旬，果期8～9月。

生境描述： 生于海拔400～1000米的阔叶林间。

地理分布： 文县。

保护原因： 我国特有物种，极小种群保护物种，具有重要的经济和生态价值。

庙台槭

Acer miaotaiense

保护级别	IUCN 濒危等级	CITES 附录级别	主管单位
二级	易危	—	林草部门

名称变化：《中国植物志》中的羊角槭*Acer yanjuechi*已并入本种。

识别要点：落叶乔木，高20～25米。树皮深灰色。叶纸质，近于阔卵形，常3～5裂，长7～9厘米，宽6～8厘米，基部心形或近于心形、稀截形，上面无毛，下面有短柔毛，沿叶脉较密；叶柄比较细瘦，基部膨大，无毛。花序顶生，伞房状圆锥状；花黄绿色；萼片5枚，长圆形，边缘具缘毛；花瓣5枚，雄蕊8枚；花盘圆形，边缘残波状浅裂。果序伞房状，无毛；果梗细瘦；小坚果扁平，被很密的黄色绒毛；翅长圆形，连同小坚果长2.5厘米，张开几成水平。花期5月，果期9月。

生境描述：生于海拔700～1600米的阔叶林间。

地理分布：秦州区、麦积区。

保护原因：我国特有物种，极小种群保护物种，果实较奇特，对种质资源的保存和研究槭属的演化有科学价值。

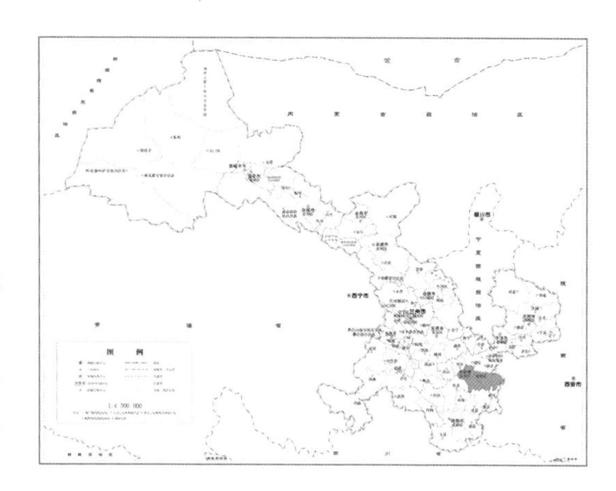

宜昌橙

Citrus cavaleriei

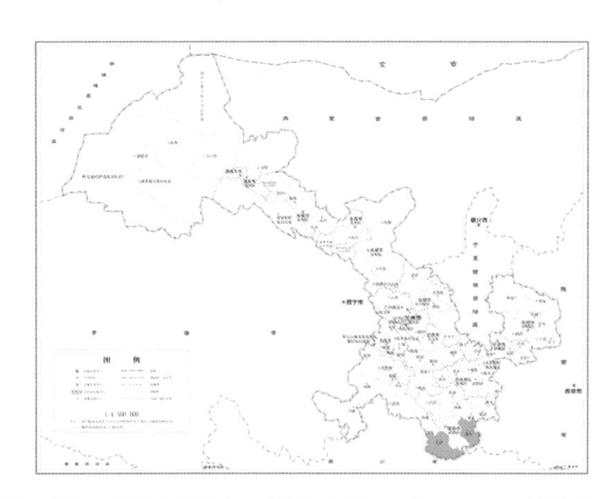

保护级别	IUCN 濒危等级	CITES 附录级别	主管单位
二级	未予评估	—	农业部门

名称变化：在《中国植物志》中记录为宜昌橙 *Citrus ichangensis*。

识别要点：小乔木或灌木，高2～4米。枝干多劲直锐刺，刺长1～2.5厘米。叶卵状披针形，大小差异很大。花通常单生于叶腋；萼5浅裂；花瓣淡紫红色或白色；雄蕊20～30枚，花丝合生成多束，偶有个别离生；花柱比花瓣短，早落，柱头约与子房等宽。果扁圆形、圆球形或梨形，顶部短乳头状突起或圆浑，淡黄色，油胞大，明显突起，果皮厚，果心实，瓢囊7～10瓣，果肉淡黄白色，味酸；种子30粒以上，近圆形而稍长，种皮乳黄白色。花期5～6月，果期10～11月。

生境描述：生于海拔800～2000米的山地陡崖、岩石旁、山脊或沿河谷坡地。

地理分布：文县、康县。

保护原因：我国特有物种，耐寒、耐贫瘠、耐阴、抗病力强，是嫁接柑橘属植物的优良砧木之一。

黄檗

Phellodendron amurense

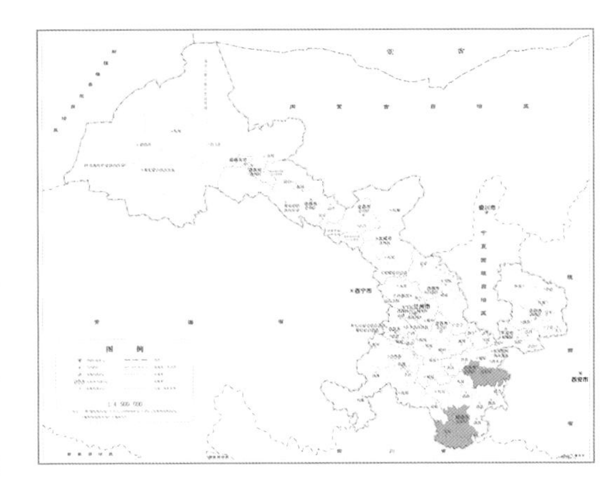

保护级别	IUCN 濒危等级	CITES 附录级别	主管单位
二级	易危	—	林草部门

识别要点：落叶乔木，树高10～20米。成年树的树皮有厚木栓层，浅灰或灰褐色，深沟状或不规则网状开裂，内皮薄，鲜黄色，味苦，黏质。叶对生，奇数羽状复叶，小叶5～13枚；叶面无毛或中脉有疏短毛，叶背仅基部中脉两侧密被长柔毛；叶轴及叶柄纤细，无毛或几无毛。花单性，雌雄异株，圆锥状聚伞花序顶生；萼片细小，阔卵形，长约1毫米；花瓣紫绿色，长3～4毫米；雄花的雄蕊比花瓣长，退化雌蕊短小。核果圆球形，疏散，蓝黑色，通常有5～8浅纵沟，干后较明显；种子通常5粒。花期5～6月，果期9～10月。

生境描述：生于山地杂木林中或山区河谷沿岸。

地理分布：文县、武都区、天水市。

保护原因：树皮经炮制后入药，具有重要的经济价值。

川黄檗

Phellodendron chinense

保护级别	IUCN 濒危等级	CITES 附录级别	主管单位
二级	无危	—	林草部门

识别要点： 落叶乔木，树高达15米。成年树有厚、纵裂的木栓层，内皮黄色。叶对生，奇数羽状复叶，小叶7～15枚，小叶背面密被毛或至少在叶脉上有长柔毛；叶轴及叶柄粗壮，通常密被褐锈色短柔毛；花单性，雌雄异株，圆锥状聚伞花序顶生，花通常密集，花序轴粗壮，密被短柔毛。核果多数密集成团，果的顶部略狭窄，椭圆形或近圆球形，蓝黑色，有分核5～8个；种子常5～8粒，一端微尖，有细网纹。花期5～6月，果期9～11月。

生境描述： 生于海拔900米的山地疏林或密林中。

地理分布： 文县。

保护原因： 我国特有物种，树皮经炮制后入药，具有重要的经济价值。

红椿

Toona ciliata

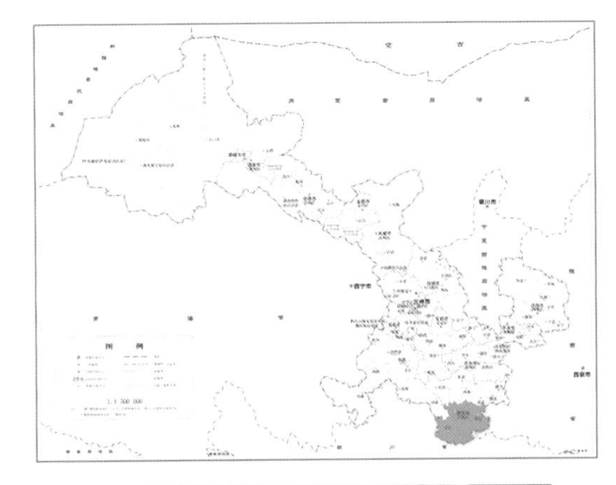

保护级别	IUCN 濒危等级	CITES 附录级别	主管单位
二级	易危	—	林草部门

名称变化： *Flora of China*将《中国植物志》中的毛红椿*Toona ciliata* var. *pubescens*和疏花红椿*Toona ciliata* var. *sublaxiflora*并入本种。

识别要点： 高大乔木，达20米。叶为偶数或奇数羽状复叶；叶柄长约为叶长的1/4，圆柱形；小叶对生或近对生，纸质，长圆状卵形或披针形，小叶通常全缘，长8～15厘米，宽2.5～6厘米。圆锥花序顶生；花长约5毫米，具短花梗；花萼短，5裂；花瓣5枚，白色，长圆形；雄蕊5枚，约与花瓣等长，花丝离生；花盘与子房等长；子房每室有胚珠8～10颗。蒴果长椭圆形，木质，干后紫褐色，有苍白色皮孔，长2～3.5厘米；种子两端具翅，翅扁平，膜质。花期4～6月，果期10～12月。

生境描述： 生于低海拔沟谷林中或山坡疏林中。

地理分布： 文县、武都区、康县。

保护原因： 我国热带、亚热带地区的珍贵速生用材树种，具有重要的经济和科学研究价值。

紫椴

Tilia amurensis

内蒙古自治区
宁夏回族自治区
银川市
西宁市
兰州市
西安市
青海省
陕西省
四川省
图例
1:4 500 000

保护级别	IUCN 濒危等级	CITES 附录级别	主管单位
二级	易危	—	林草部门

识别要点：乔木，高25米。树皮暗灰色，片状脱落。嫩枝初时被白丝毛，很快变秃净。叶互生，阔卵形或卵圆形，长4.5～6厘米，宽4～5.5厘米，边缘有锯齿，齿尖突出1毫米；叶柄无毛。聚伞花序长3～5厘米，无毛，有两性花3～20朵；苞片狭带形，长3～7厘米，宽5～8毫米，基部有柄长1～1.5厘米；萼片5枚，阔披针形，离生；花瓣5枚，长6～7毫米，基部常有小鳞片；退化雄蕊不存在；雄蕊较少，约20枚，长5～6毫米。核果状果实卵圆形，干后不开裂，有棱或有不明显的棱。花期7月。

生境描述：生于低海拔沟谷林中或山坡疏林中。

地理分布：徽县、华亭市、武山县。

保护原因：紫椴是优良的蜜源植物，具有重要的经济价值。

半日花

Helianthemum songaricum

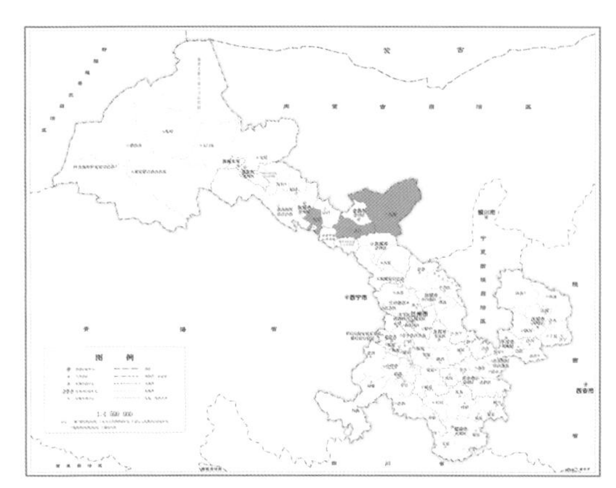

保护级别	IUCN 濒危等级	CITES 附录级别	主管单位
二级	濒危	—	农业部门

识别要点： 矮小灌木，多分枝，稍呈垫状。小枝对生或近对生，先端成刺状，单叶对生，革质，具短柄或几无柄，披针形或狭卵形，长5～7毫米，宽1～3毫米，全缘，边缘常反卷；托叶钻形，线状披针形，较叶柄长。花单生枝顶，径1～1.2厘米；萼片5枚，背面密生白色短柔毛，不等大；花瓣黄色，淡橘黄色，倒卵形，楔形，长约8毫米；雄蕊长约为花瓣的1/2；子房密生柔毛，长约1.5毫米，花柱长约5毫米。蒴果卵形，长5～8毫米，外被短柔毛。种子卵形，有棱角，具网纹。

生境描述： 生于草原化荒漠区的石质和砾质山坡。

地理分布： 永昌县、民乐县、民勤县。

保护原因： 半日花是亚洲中部荒漠的特有物种，对研究亚洲中部，特别是研究我国荒漠植物区系的起源以及与地中海植物区系的联系有重要的科学研究价值。

瓣鳞花

Frankenia pulverulenta

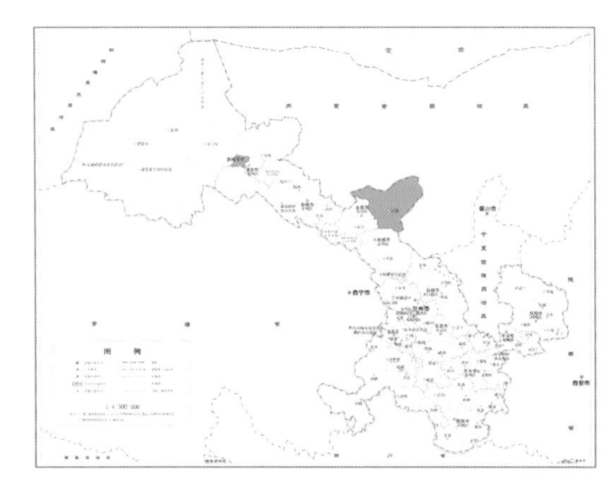

保护级别	IUCN 濒危等级	CITES 附录级别	主管单位
二级	濒危	—	林草部门

识别要点：一年生草本，平卧。茎从基部多分枝。叶小，通常4叶轮生，狭倒卵形或倒卵形，长2～7毫米，宽1～2.5毫米，全缘；叶柄长1～2毫米。花小，多单生，稀数朵生于叶腋或小枝顶端，无梗；萼筒具5纵棱脊，萼齿5枚，钻形，长0.5～1毫米；花瓣5枚，粉红色，长圆状倒披针形或长圆状倒卵形，长3～4毫米，宽0.7～1毫米，顶端微具牙齿，中部以下逐渐狭缩，内侧附生的舌状鳞片狭长；雄蕊6枚，蒴果长圆状卵形，3瓣裂。种子多数，长圆状椭圆形，淡棕色。

生境描述：生于荒漠地带河流泛滥地、湖盆等低湿盐碱化土壤上。

地理分布：民勤县、嘉峪关市。

保护原因：世界干旱区的物种，对研究我国干旱区植物区系的起源、迁移和植物地理分区，具有重要的科学研究价值。

金荞麦

Fagopyrum dibotrys

保护级别	IUCN 濒危等级	CITES 附录级别	主管单位
二级	无危	—	农业部门

识别要点：多年生草本。茎直立，高50～100厘米，分枝，具纵棱，无毛。叶三角形，长4～12厘米，宽3～11厘米，顶端渐尖，基部近戟形，边缘全缘；叶柄长可达10厘米；托叶鞘筒状，膜质，褐色，长5～10毫米，偏斜，顶端截形，无缘毛。花序伞房状，顶生或腋生；苞片卵状披针形，每苞内具2～4花；花被5深裂，白色，花被片长椭圆形，长约2.5毫米，雄蕊8枚，比花被短，花柱3枚，柱头头状。瘦果宽卵形，具3锐棱，黑褐色，无光泽，超出宿存花被2～3倍。花期7～9月，果期8～10月。

生境描述：生于海拔250～3200米的山谷湿地、山坡灌丛。

地理分布：文县、徽县。

保护原因：重要的种质资源。

苞藜

Baolia bracteata

保护级别	IUCN 濒危等级	CITES 附录级别	主管单位
二级	无危	—	农业部门

识别要点：一年生草本，高10～18厘米。茎直立，下部有分枝。叶卵状椭圆形至卵状披针形，长1～2.2厘米，宽5～10厘米，背面主侧脉明显并稍有污粉；叶柄长2～10毫米。花两性，簇生叶腋，具苞片，通常含2～4朵花；苞片狭卵形，腹面稍凹，膜质而具稍厚的绿色中心部；每朵花下有鳞片状小苞片2枚，膜质，狭卵形或三角形；花被近球形，稍肉质，绿色，5深裂；花盘环形；雄蕊5枚，花丝透明膜质；子房狭卵形，与花被离生，柱头丝状。胞果暗褐色，种子直立。胚环形，胚乳白色，被胚围绕在中间。花果期8～10月。

生境描述：生于海拔1900米的阳面山坡草地。

地理分布：迭部县。

保护原因：甘肃特有的单种属植物，对于研究全球藜亚科植物的系统演化具有非常重要的科学研究价值。

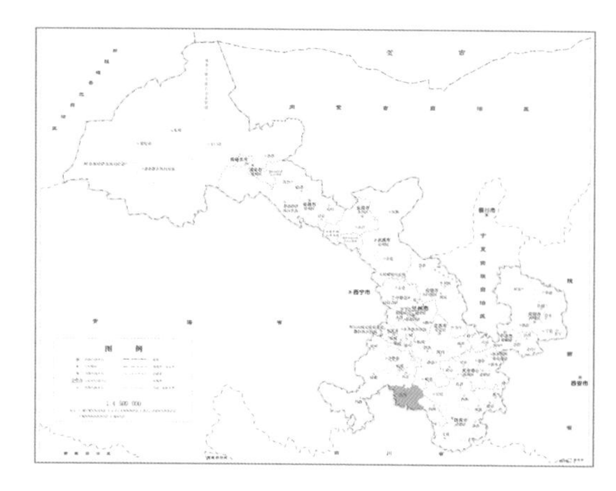

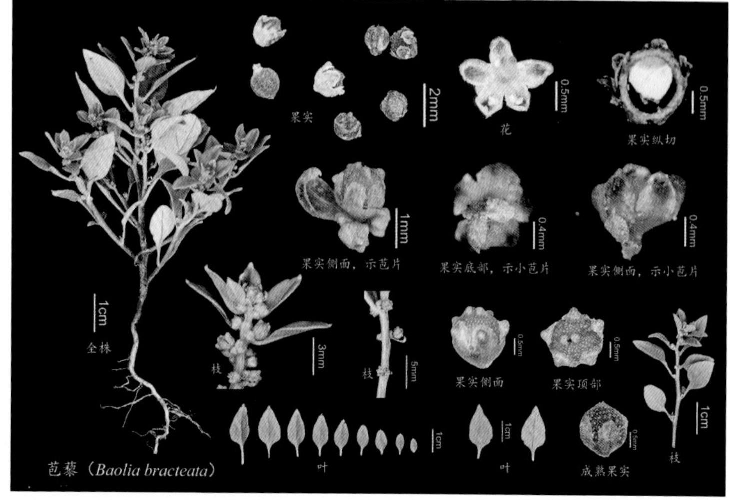

阿拉善单刺蓬

Cornulaca alaschanica

保护级别	IUCN 濒危等级	CITES 附录级别	主管单位
二级	近危	—	农业部门

识别要点：一年生草本，高15～20厘米。茎直立，具多数排列较密的分枝；枝互生，向四周斜伸或近平展。叶针刺状，长5～8毫米，黄绿色，基部三角形或宽卵形扩展并具膜质边缘，腋内具束生长柔毛。花2～3个簇生或单生；小苞片舟状，先端具长2～4毫米的刺尖；花被片5数，合生成筒状，花被顶端的裂片，狭三角形，白色；雄蕊5枚，花药狭椭圆形；子房微小，花柱和柱头均为丝状，柱头伸出于花被裂片外。胞果卵形，背腹扁，长1～1.2毫米。种子直立，无胚乳，胚螺旋状。

生境描述：生于流沙边缘及沙丘间的洪积层上。

地理分布：民勤县。

保护原因：我国特有物种，具有重要的生态价值。

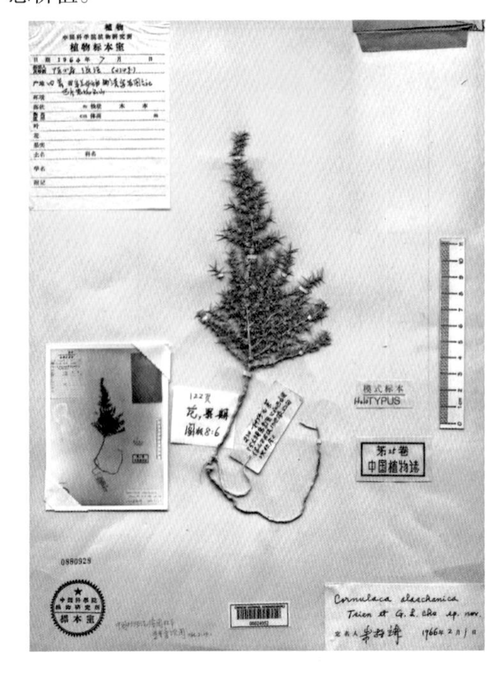

珙桐

Davidia involucrata

保护级别	IUCN 濒危等级	CITES 附录级别	主管单位
一级	无危	—	林草部门

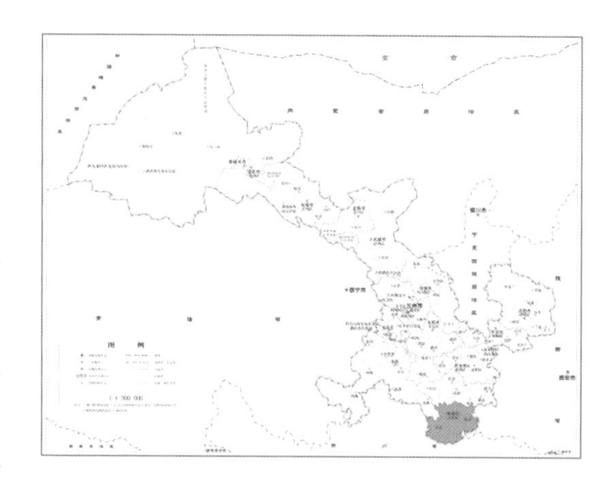

名称变化：《中国植物志》中的光叶珙桐 *Davidia involucrata* var. *vilmoriniana* 已并入本种。

识别要点：落叶乔木，高15～20米。树皮深灰色或深褐色。叶纸质，互生，无托叶，阔卵形或近圆形。两性花与雄花同株，由多数的雄花与1个雌花或两性花呈近球形的头状花序，着生于幼枝的顶端，两性花位于花序的顶端，雄花环绕于其周围，基部具纸质、矩圆状卵形花瓣状的苞片2～3枚，初淡绿色，继变为乳白色，后变为棕黄色而脱落。雄花无花萼及花瓣。果实为长卵圆形核果，种子3～5枚。花期4月，果期10月。

生境描述：生于海拔1500～2200米的常绿、落叶阔叶混交林中。

地理分布：文县、康县、武都区。

保护原因：我国特有的单种属植物，是第三纪的孑遗物种。花形奇特，盛花期头状花序下的2枚白色大苞片非常显著，极似展翅之群鸽栖于树上，故有“中国鸽子树”之称，是驰名中外的珍贵观赏树种。

羽叶点地梅

Pomatosace filicula

保护级别	IUCN 濒危等级	CITES 附录级别	主管单位
二级	无危	—	农业部门

识别要点：多年生草本。株高3～9厘米。叶多数，叶片轮廓线状矩圆形，羽状深裂至近羽状全裂，裂片线形或窄三角状线形；叶柄近基部扩展，略呈鞘状。花葶通常多枚自叶丛中抽出，伞形花序6～12花；苞片线形，花梗长1～12毫米；花萼杯状或陀螺状，果时增大，分裂略超过全长的1/3，裂片三角形，锐尖，内面被微柔毛；花冠白色，花冠稍短于花萼，冠筒因筒口收缩而成坛状，喉部具环状附属物，冠檐5裂。蒴果近球形，周裂成上下两半，通常具种子6～12粒。

生境描述：生于海拔3000～4500米的高山草甸和河滩砂地。

地理分布：夏河县、合作市、玛曲县、卓尼县、岷县。

保护原因：我国特有的单种属植物，具有重要的科学研究价值。

软枣猕猴桃

Actinidia arguta

保护级别	IUCN 濒危等级	CITES 附录级别	主管单位
二级	无危	—	农业部门

名称变化：《中国植物志》中的心叶猕猴桃 *Actinidia arguta* var. *cnrdifolia* 和紫果猕猴桃 *Actinidia arguta* var. *purpurea* 已并入本种。

识别要点：大型落叶藤本。全株多洁净无毛；髓白色至淡褐色，片层状。叶膜质或纸质，卵形、长圆形、阔卵形至近圆形，长6～12厘米，宽5～10厘米，基部圆形至浅心形，无毛，背面绿色，无毛或在中脉上疏生刚毛。雌雄异株。花序腋生或腋外生，为1～2回分枝，1～7花，苞片线形。花绿白色或黄绿色；萼片4～6枚；卵圆形至长圆形，有不甚显著的缘毛；花瓣4～6枚，楔状倒卵形或瓢状倒阔卵形；子房瓶状，洁净无毛。果圆球形至柱状长圆形，有喙或喙不显著，无毛，无斑点。

生境描述：生于山地的落叶阔叶林中。

地理分布：文县、徽县、天水市。

保护原因：重要的种质资源，具有重要的经济价值。

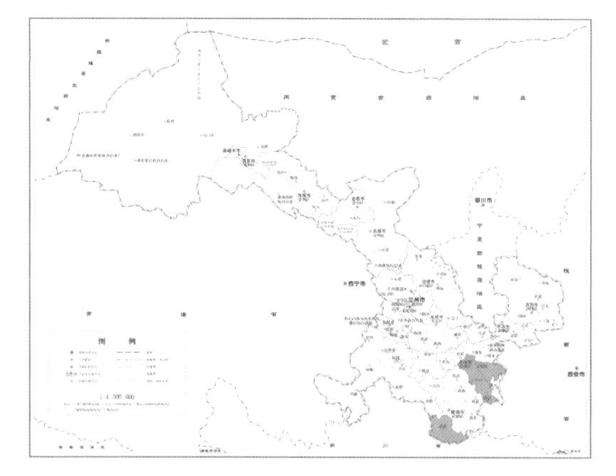

中华猕猴桃

Actinidia chinensis

保护级别	IUCN 濒危等级	CITES 附录级别	主管单位
二级	无危	—	农业部门

名称变化：《中国植物志》中的井冈山猕猴桃 *Actinidia chinensis* f. *jinggangshanensis* 已并入本种。

识别要点：大型落叶藤本。全株被发达的柔软毛被。髓白色至淡褐色，片层状。叶纸质，倒阔卵形至倒卵形或阔卵形至近圆形，长6～17厘米，宽7～15厘米，上面毛被不发达，背面密被灰白色或淡褐色星状绒毛。雌雄异株。聚伞花序1～3花；苞片小，卵形或钻形；萼片3～7枚，阔卵形至卵状长圆形；花瓣5枚，阔倒卵形；雄蕊极多；子房球形。果近球形、圆柱形、倒卵形或椭圆形，长4～6厘米，直径3厘米以上，被茸毛、长硬毛或刺毛状长硬毛，具小而多的淡褐色斑点。

生境描述：生于海拔200～2600米的山地落叶阔叶林中。

地理分布：文县、康县、麦积区、平凉市、庆阳市。

保护原因：我国特有物种，重要的种质资源，具有重要的经济价值。

兴安杜鹃

Rhododendron dauricum

保护级别	IUCN 濒危等级	CITES 附录级别	主管单位
二级	无危	—	林草部门

识别要点：半常绿灌木，高0.5～2米，分枝多。叶片近革质，椭圆形或长圆形，长1～5厘米，宽1～1.5厘米，上面散生鳞片，下面密被鳞片，鳞片不等大。花序腋生枝顶或假顶生，1～4花，先叶开放，伞形着生；花萼长不及1毫米，5裂，密被鳞片，干枯宿存；花冠宽漏斗状，长1.3～2.3厘米，粉红色或紫红色，外面无鳞片，通常有柔毛；雄蕊10枚，短于花冠，花药紫红色；子房5室，密被鳞片，花柱紫红色，光滑，长于花冠。蒴果长圆形，先端5瓣开裂。花期5～6月，果期7月。

生境描述：生于山地落叶松林、桦树林下或林缘。

地理分布：卓尼县。

保护原因：观赏花卉,具有重要的经济价值。

香果树

Emmenopterys henryi

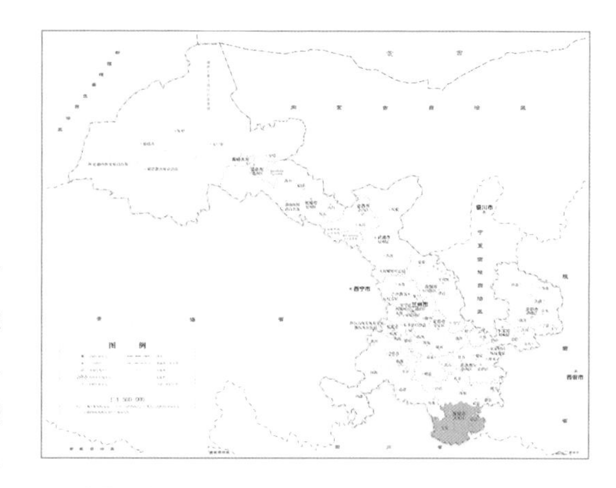

保护级别	IUCN 濒危等级	CITES 附录级别	主管单位
二级	近危	—	林草部门

识别要点：落叶乔木。树皮灰褐色，鳞片状。叶纸质或革质，阔椭圆形、阔卵形或卵状椭圆形，长6～30厘米，宽3.5～14.5厘米。圆锥状聚伞花序顶生；花芳香，萼管长约4毫米，裂片近圆形，变态的叶状萼裂片白色、淡红色或淡黄色，纸质或革质；花冠漏斗形，白色或黄色，长2～3厘米，被黄白色绒毛，裂片近圆形，覆瓦状排列；花丝被绒毛；子房2室，胚珠每室多数。蒴果长圆状卵形或近纺锤形；种子多数，小而有阔翅。花期6～8月，果期8～11月。

生境描述：生于海拔400～1600米的山谷林中，喜湿润而肥沃的土壤。

地理分布：文县、武都区、康县。

保护原因：我国特有的单种属植物，对研究茜草科系统发育和我国南部、西南部的植物区系等均有一定意义。是一种优良的观赏植物，具有重要的经济价值。

黑果枸杞

Lycium ruthenicum

保护级别	IUCN 濒危等级	CITES 附录级别	主管单位
二级	无危	—	农业部门

识别要点：多棘刺灌木。叶2～6枚簇生于短枝上，在幼枝上则单叶互生，肥厚肉质，近无柄，条形、条状披针形或条状倒披针形。花1～2朵生于短枝上。花萼狭钟状，果时稍膨大成半球状，包围于果实中下部，不规则2～4浅裂，裂片膜质，边缘有稀疏缘毛；花冠漏斗状，浅紫色，长约1.2厘米，筒部向檐部稍扩大，5浅裂，裂片矩圆状卵形，长约为筒部的1/2～1/3；雄蕊稍伸出花冠；花柱与雄蕊近等长。浆果紫黑色，球状。种子肾形，褐色。花果期5～10月。

生境描述：生于盐碱土荒地、沙地或路旁。

地理分布：甘州区、民乐县、肃南县、民勤县、凉州区、酒泉市、合水县、西峰区、靖远县、东乡县、皋兰县、临潭县、永昌县、定西市、嘉峪关市。

保护原因：重要的种质资源，具有重要的经济价值。

水曲柳

Fraxinus mandschurica

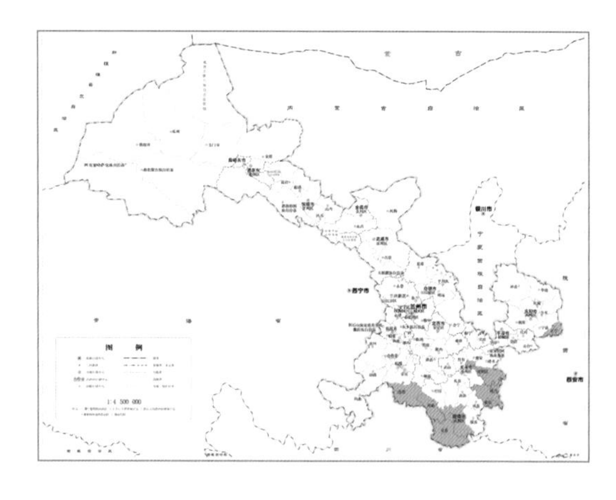

保护级别	IUCN 濒危等级	CITES 附录级别	主管单位
二级	易危	—	林草部门

识别要点：落叶乔木。树皮厚，灰褐色，纵裂。小枝粗壮，黄褐色至灰褐色，四棱形；叶痕节状隆起，半圆形。羽状复叶长25～40厘米；小叶7～13枚，纸质，长圆形至卵状长圆形，长5～20厘米，宽2～5厘米；小叶近无柄。圆锥花序生于去年生枝上，先叶开放，长15～20厘米；雄花与两性花异株，均无花冠也无花萼；雄花序紧密，花梗细而短，长3～5毫米，雄蕊2枚；两性花序稍松散。翅果大而扁，长圆形至倒卵状披针形，翅下延至坚果基部，明显扭曲，脉棱突起。花期4月，果期8～9月。

生境描述：生于海拔700～2100米的山坡疏林中或河谷平缓山地。

地理分布：文县、武都区、徽县、两当县、舟曲县、迭部县、麦积区、正宁县。

保护原因：对于研究第三纪植物区系及第四纪冰川期气候具有科学意义。

肉苁蓉

Cistanche deserticola

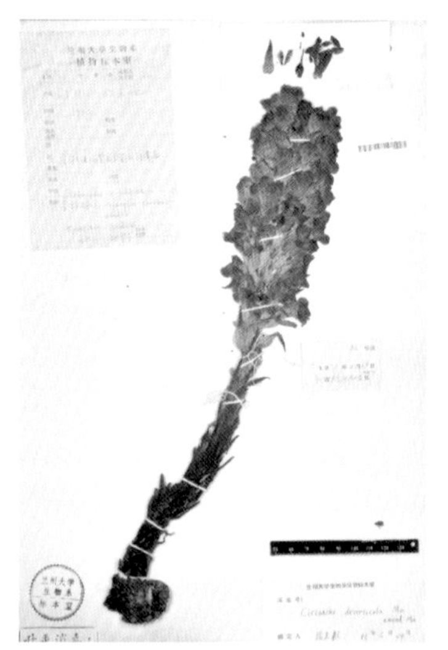

保护级别	IUCN 濒危等级	CITES 附录级别	主管单位
二级	濒危	附录Ⅱ	农业部门

识别要点： 多年生寄生草本，大部分地下生。茎不分枝或自基部分2～4枝。花序穗状，长15～50厘米，直径4～7厘米；花序下半部或全部苞片较长，与花冠等长或稍长；小苞片2枚，卵状披针形或披针形，与花萼等长或稍长；花萼钟状，顶端5浅裂，裂片近圆形；花冠筒状钟形，顶端5裂，裂片近半圆形；雄蕊4枚，花药长卵形，基部有骤尖头；子房椭圆形，花柱比雄蕊稍长，无毛，柱头近球形。蒴果卵球形，2瓣开裂；种子椭圆形或近卵形。花期5～6月，果期6～8月。

生境描述： 生于梭梭荒漠沙丘。

地理分布： 兰州市、肃北县、嘉峪关市、张掖市。

保护原因： 古地中海孑遗植物，对于研究亚洲中部荒漠植物区系具有一定的科学价值。此外，肉苁蓉为名贵中药，有重要的经济价值。

水母雪兔子

Saussurea medusa

保护级别	IUCN 濒危等级	CITES 附录级别	主管单位
二级	数据缺乏	—	林草部门

识别要点： 多年生多次结实草本。茎直立，全株密被白色棉毛。叶密集，下部叶倒卵形，扇形、圆形或长圆形至菱形，连叶柄长达10厘米，宽0.5～3厘米，叶两面被稠密或稀疏的白色长棉毛。头状花序多数，在茎端密集成半球形的总花序，苞叶线状披针形，两面被白色长棉毛；总苞狭圆柱状，总苞片3层；小花蓝紫色，长约10毫米。瘦果纺锤形，浅褐色；冠毛白色，2层，外层短，糙毛状，内层长，羽毛状。花果期7～9月。

生境描述： 生于海拔3000～5600米的砾石山坡、高山流石滩。

地理分布： 舟曲县、夏河县、天祝县、肃南县。

保护原因： 具有重要的生态价值。

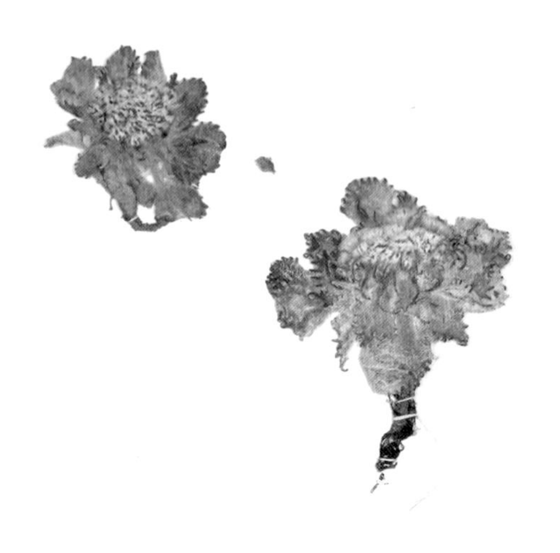

匙叶甘松

Nardostachys jatamansi

保护级别	IUCN 濒危等级	CITES 附录级别	主管单位
二级	无危	附录Ⅱ	林草部门

名称变化：《中国植物志》中的甘松 *Nardostachys chinensis*已并入本种。

识别要点：多年生草本。根状茎木质，密被叶鞘纤维或片状老叶鞘，有烈香。叶丛生，长匙形或线状倒披针形，长3～25厘米，宽0.5～2.5厘米，叶柄与叶片近等长；花茎旁出，茎生叶1～2对。花序为聚伞形头状，顶生，直径1.5～2厘米；花萼5齿裂，果时常增大；花冠紫红色、钟形，裂片5枚，宽卵形至长圆形；雄蕊4枚，与花冠裂片近等长；子房下位，花柱与雄蕊近等长；瘦果倒卵形；花萼宿存，不等5裂，裂片三角形至卵形，具明显的网脉，被毛。花期6～8月。

生境描述：生于海拔2600～5000米的沼泽草甸、河漫滩和灌丛草坡。

地理分布：夏河县、玛曲县、碌曲县、临夏州。

保护原因：著名的香料植物，具有重要的经济价值。

疙瘩七

Panax bipinnatifidus

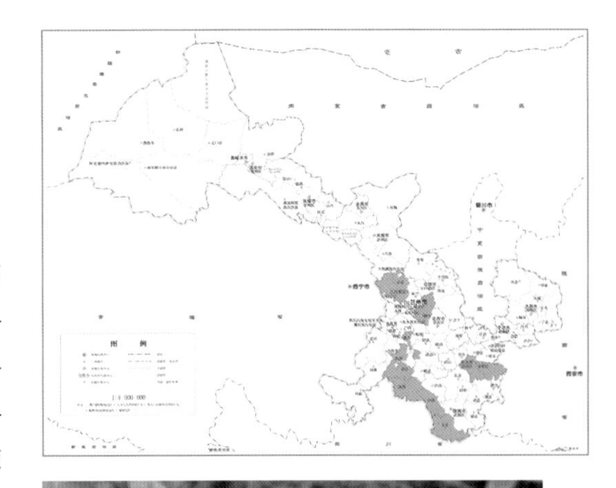

保护级别	IUCN 濒危等级	CITES 附录级别	主管单位
二级	易危	—	农业部门

名称变化：《中国植物志》和《秦岭植物志》中的大叶三七 *Panax pseudoginseng* var. *japonicus*、秀丽假人参 *Panax pseudoginseng* var. *elegantior* 和羽叶三七 *Panax pseudoginseng* var. *bipinnatifidus* 并入本种；*Flora of China* 记录为疙瘩七 *Panax japonicus* var. *bipinnatifidus*；*Flora of China* 中的竹节参 *Panax japonicus* var. *japonicus* 和珠子参 *Panax japonicus* var. *major* 并入本种。

识别要点：多年生草本。根状茎横生，竹鞭状或串珠状。掌状复叶，通常3～5枚轮生茎的先端，小叶倒卵状椭圆形到狭椭圆形，两面脉上疏生刚毛。伞形花序单个顶生，有50～80朵或更多朵花；花丝短于花瓣；子房心皮2～5枚，花柱2～5枚，半合生，连接到中部。果实红色，近球形；种子2～5。花期5～6月，果期7～9月。

生境描述：生于海拔1000～4000米的阔叶林、针阔混交林下。

地理分布：迭部县、舟曲县、卓尼县、榆中县、永登县、麦积区、文县、康乐县。

保护原因：具有重要的经济价值。作为传统名贵中药材，人为采挖严重。

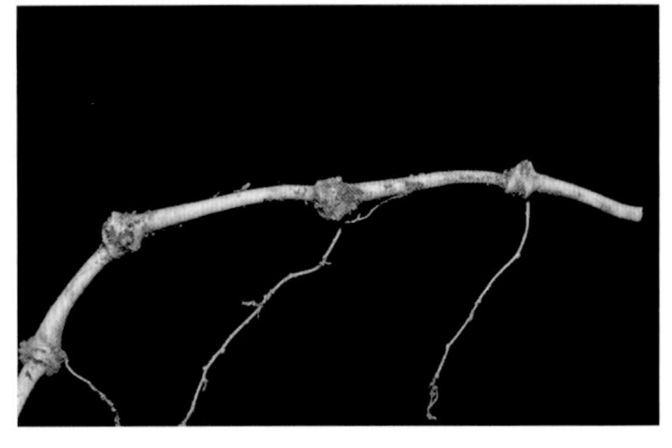

假人参

Panax pseudoginseng

保护级别	IUCN 濒危等级	CITES 附录级别	主管单位
二级	无危	—	农业部门

识别要点：多年生草本，植株高约50厘米。根状茎短，竹鞭状，横生，具2～5条纺锤形肉质根。掌状复叶，通常4枚轮生在茎的先端，小叶倒卵状椭圆形到倒卵状长圆形；侧面叶较小，膜质，网脉明显，叶背面无毛，上面脉具刚毛，基部渐狭，边缘有重锯齿，先端长尾状渐尖，小叶柄长2～10毫米，与叶柄顶端连接处簇生刚毛。伞形花序单个顶生，有花20～50朵；总花梗长约12厘米，有纵纹，无毛；花梗纤细，无毛，长约1厘米。心皮2枚，花柱2枚，离生，反折。

生境描述：生于海拔2000～4000米的阔叶林、针阔混交林下。

地理分布：迭部县、天水市。

保护原因：具有重要的经济价值。作为传统名贵中药材，人为采挖严重。

藻类

发菜

Nostoc flagelliforme

保护级别	IUCN 濒危等级	CITES 附录级别	主管单位
一级	数据缺乏	—	农业部门

系统位置：蓝藻门、藻殖段纲、念珠藻目、念珠藻科、念珠藻属。

识别要点：藻体毛发状，平直或弯曲，棕色，干后呈棕黑色，往往许多藻体绕结成团。藻体内的藻丝直或弯曲，许多藻丝几乎纵向平行排列在厚而有明显层理的胶质被内。单一藻丝的胶鞘薄而不明显，无色。细胞近球形，直径5～6微米，内含物呈蓝绿色。异形胞端生或间生，球形，直径为5～7微米。

生境描述：生于干旱土表或岩石上。

地理分布：甘肃省干旱区，具体不详。

保护原因：具有重要的生态和经济价值。可食用，人为采挖严重，破坏生态系统。

真菌

冬虫夏草

Ophiocordyceps sinensis

保护级别	IUCN 濒危等级	CITES 附录级别	主管单位
二级	易危	—	林草部门

系统位置：子囊菌门、粪壳菌纲、肉座菌目、线虫草科、线虫草属。

名称变化：在《中国真菌志》记录为冬虫夏草*Cordyceps sinensis*。

识别要点：子座单个，单生，偶有2～3个从寄主前端发出，长4～11厘米，基部粗1.5～4毫米。可孕部近圆柱形，褐色，长10～45毫米，宽2.5～6毫米，具有不孕尖端，长1.5～5.5毫米。子囊壳近表生，基部稍陷于子座内，椭圆形至卵形。子囊细长，长240～485微米，宽12～16微米。冬虫夏草子囊孢子的发育可分为3个阶段，即原子囊孢子期、原孢子伸长期和子囊孢子形成期。寄主：鳞翅目、蝙蝠蛾科的一种幼虫。

生境描述：生于高海拔的草甸或草原中。

地理分布：甘南州、陇南市、临夏州。

保护原因：具有重要的经济价值。作为传统名贵中药材，人为采挖严重，破坏生态系统。

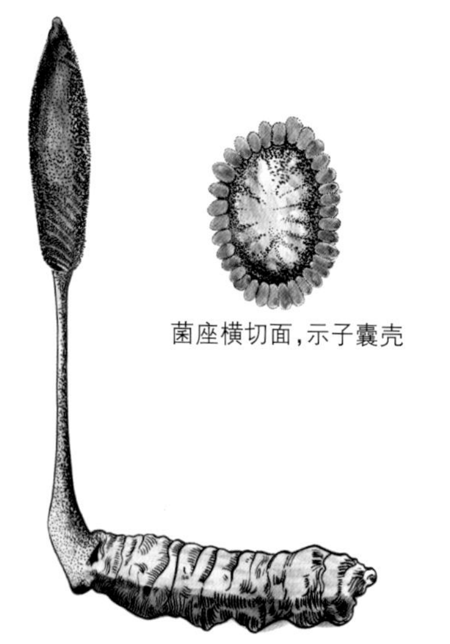

菌座横切面，示子囊壳

上部为菌座，下部为已死幼虫虫体

蒙古白丽蘑

Leucocalocybe mongolica

保护级别	IUCN 濒危等级	CITES 附录级别	主管单位
二级	易危	—	农业部门

系统位置：担子菌门、担子菌纲、伞菌目、口蘑科、白丽蘑属。

名称变化：在《中国经济真菌》中记录为蒙古口蘑 *Tricholoma mongolicum*。

识别要点：子实体白色、中等至较大。菌盖宽5～17厘米，半球形至平展。白色，光滑，初期边缘内卷。菌肉白色，厚、具香气味。菌褶白色，稠密，弯生，不等长。菌柄粗壮，白色，长3.5～7厘米，粗1.5～4.6厘米，内实，基部稍膨大，孢子囊银白色。孢子无色，光滑，椭圆形。夏秋季在草原上群生并形成蘑菇圈。

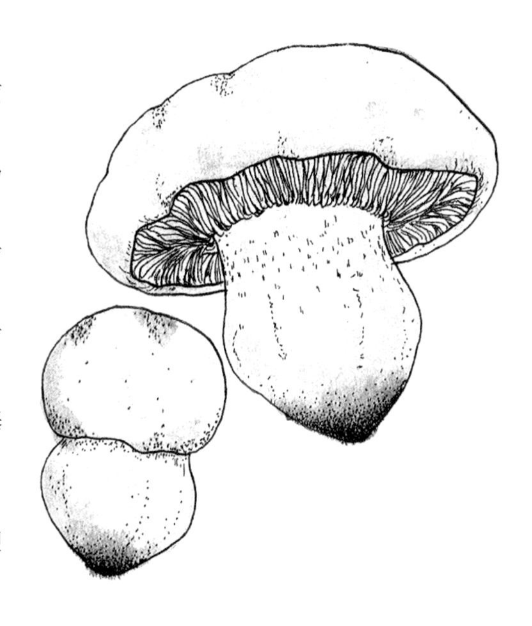

生境描述：生于湿润、半湿润的温带典型草原中。

地理分布：甘肃省温带草原区，具体不详。

保护原因：具有重要的经济价值。作为野生食用菌，人为采挖严重。

松口蘑

Tricholoma matsutake

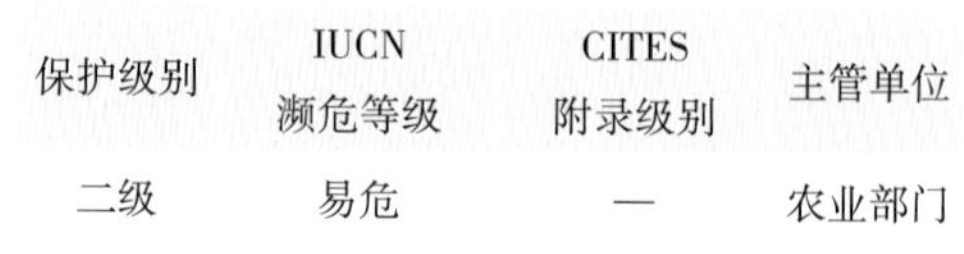

保护级别	IUCN 濒危等级	CITES 附录级别	主管单位
二级	易危	—	农业部门

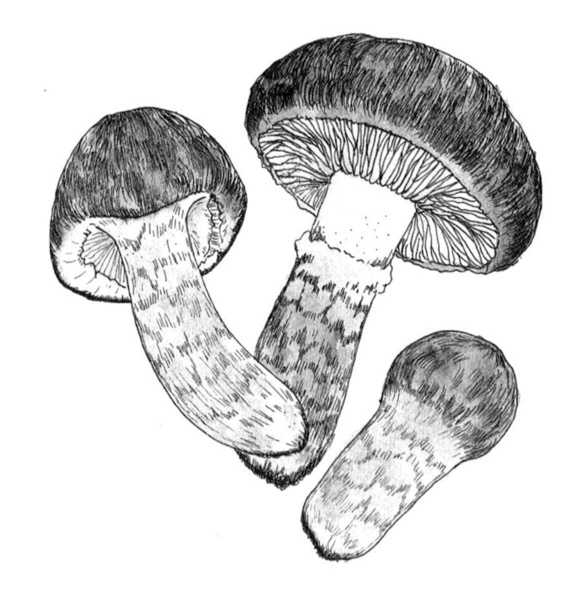

系统位置：担子菌门、担子菌纲、伞菌目、口蘑科、口蘑属。

名称变化：《中国经济真菌》的中文名称为松茸、松蘑等。

识别要点：子实体中等至较大。菌盖直径5～15厘米，扁半球形至近开展，污白色，具黄褐色至栗褐色平伏的丝毛状鳞片，表面干燥。菌肉白色，厚、具特殊气味。菌褶白色或稍带乳黄色，密，弯生，不等长。菌柄较粗壮，柄长6～13.5厘米，柄直径2～2.6厘米。菌环生菌柄上部，丝膜状，上面白色，下面与菌柄同色。孢子囊银白色。孢子无色，光滑，宽椭圆形至近球形。秋季在松林或针阔混交林中地上群生或散生，并形成蘑菇圈。

生境描述：生于低海拔针叶林、针阔混交林下。

地理分布：甘肃省南部林区，具体不详。

保护原因：具有重要的经济价值。作为野生食用菌，人为采挖严重。

参考文献

［1］柴发熹，赵海泉. 甘肃长江流域木本植物资源及其开发利用［M］. 北京：中国科学技术出版社，1997.

［2］陈西仓. 甘肃省国家重点野生保护木本植物资源［J］. 国土与自然资源研究，2004，2：91-93.

［3］杜维波，潘建斌，罗凡迪，等. 甘肃省国家重点保护野生植物地理分布［J］. 甘肃林业科技，2021，46：1-11.

［4］杜维波，潘建斌，罗凡迪，等. 甘肃省国家重点保护野生植物多样性特征［J］. 甘肃林业科技，2021，46：12-16.

［5］甘肃植物志编辑委员会. 甘肃植物志：第二卷［M］. 兰州：甘肃科学技术出版社，2005.

［6］国家重点保护野生植物名录：第一批［J］. 植物杂志，1999，（5）：4-11.

［7］国家林业和草原局，农业农村部. 国家林业和草原局农业农村部公告（2021年第15号）（国家重点保护野生植物名录）［EB/OL］. 国家林业和草原局政府网，2021-09-08［2021-10-01］. http://www.forestry.gov.cn/main/5461/20210908/162515850572900.html.

［8］龚维. 孑遗植物银杏的分子亲缘地理学研究［D］. 杭州：浙江大学，2007.

［9］生态环境部，中国科学院. 关于发布《中国生物多样性红色名录——大型真菌卷》的公告［EB/OL］. 生态环境部政府网，2018-05-17［2021-10-01］. https://www.mee.gov.cn/gkml/sthjbgw/sthjbgg/201805/t20180524_441393.htm.

［10］环境保护部，中国科学院. 关于发布《中国生物多样性红色名录——高等植物卷》的公告［EB/OL］. 生态环境部政府网，2013-09-02［2021-10-01］. http://www.mee.gov.cn/gkml/hbb/bgg/201309/t20130912_260061.htm.

［11］李良千. 甘肃白水江国家级自然保护区植物［M］. 北京：科学出版社，2014.

［12］李思峰，黎斌. 秦岭植物志增补 - 种子植物［M］. 北京：科学出版社，2013.

［13］刘学杰，何新辉. 康南林区木本植物6个新记录种［J］. 甘肃林业科技，2021，46（2）：18-19.

［14］刘喜龙，毛王选，田青，等. 甘肃省杓兰属植物资源调查及2新记录种［J］. 西北植物学报，2021，41（3）：533-538.

［15］马文兵，陈学林，刘立，等. 甘肃省被子植物分布新记录［J］. 广西植物，2017，37（2）：220-224.

［16］潘建斌. 甘肃省珍稀濒危保护植物的地理分布特征和保护现状研究［D］. 兰州：兰州大

学，2011.

［17］彭泽祥，赵汝能. 甘肃重楼属一新种［J］. 西北植物学报，1986，(2)：133-134.

［18］沈瑞清，张萍. 我国发菜的研究进展［J］. 北方园艺，2003，1：27.

［19］石昌魁. 甘肃省兰科植物系统分类与区系地理［D］. 兰州：甘肃农业大学，2008.

［20］环境保护部. 关于发布《中国生物多样性保护优先区域范围》的公告［EB/OL］. 生态环境部政府网，2015-12-31［2021-10-01］. https://www.mee.gov.cn/gkml/hbb/bgg/201601/t20160105_32106 1.htm.

［21］魏铁铮，王科，于晓丹，等. 中国大型担子菌受威胁现状评估［J］. 生物多样性，2020，28（1）：41-53.

［22］袁峰. 冬虫夏草居群谱系地理与适生区分布研究［D］. 昆明：云南大学，2015.

［23］张耀甲，程林. 甘肃贝母属植物分类学研究［J］. 兰州大学学报（自然科学版），1998，34（2）：84-91.

［24］赵汝能. 甘肃中草药资源志［M］. 兰州：甘肃科学技术出版社，2007.

［25］中国科学院植物志编辑委员会. 中国植物志［M］. 北京：科学出版社，2004.

［26］国家植物标本资源库. 中国植物物种名录2022版［EB/OL］. 国家植物标本资源库在线共享平台，2022-05-20［2023-05-05］. https://www.cvh.ac.cn/species/taxon_tree.php

［27］中华人民共和国濒危物种科学委员会. 2023年CITES附录中文版［EB/OL］. 国家濒危物种科学委员会网站，2023-02-27［2023-05-05］. http://www.cites.org.cn/citesgy/fl/202302/t20230227_734178.html

［28］朱耀宝，寇德荣. 甘肃省第二次全国重点保护野生植物资源调查［M］. 北京：中国林业出版社，2020.

［29］Wu Z.Y., Raven P., Hong D.Y.(Eds.). Flora of China［M］. Beijing & St Louis: Science Press and Missouri Botanical Garden Press, 2013.

甘肃省重楼属植物分种检索表

在国家林业和草原局、农业农村部公布的《国家重点保护野生植物名录》中，重楼属（*Paris*）植物为全属保护（北重楼 *Paris verticillata* 除外），甘肃省分布有该属植物9种，其中8种为国家保护植物。甘肃省重楼属植物分种检索表如下。

1a 根状茎细长，直径2～5毫米；花柱分支细长，种子没有假种皮 …………………… 北重楼 *Paris verticillata*（非国家重点保护植物）

1b 根状茎粗厚，直径8～45毫米；花柱分支粗短，种子被假种皮 …………………… 2

2a 药隔突出部分6～15毫米 …………………… 3

2b 药隔突出部分1～4(～5)毫米 …………………… 4

3a 植物无毛或接近无毛 …………………… 黑籽重楼 *Paris thibetica*

3b 植物短柔毛或乳突短柔毛 …………………… 文县重楼 *Paris wenxianensis*

4a 内花被深紫色，通常比外花被短得多…………………… 金线重楼 *Paris delavayi*

4b 内花被黄绿色，通常比外花被稍短或长 …………………… 5

5a 叶(3～)4～6枚，宽卵形，基部心形或近圆形，具长柄；雄蕊短，药隔突出部分圆头状，肉质，长1～2毫米 …………………… 具柄重楼 *Paris fargesii* var. *petiolata*

5b 叶通常(5～)7～13(～22)枚，矩圆形、倒卵状披针形、倒卵形或倒披针形，基部为楔形或圆形，很少为心形，具短柄或长柄；药隔突出部分非上述形状 …………………… 6

6a 叶(8～)10～14(～22)枚，披针形、倒卵状披针形至披针形，基部楔形；无柄或具短柄；内轮花被片狭条形，通常远比外轮花被片长；子房通常暗紫色…………………… 7

6b 叶5～9(～11)枚，矩圆形、矩圆状披针形或椭圆形，基部楔形、宽楔形或圆形；内轮花被片条形至狭条形，短于或长于外轮花被片；子房绿色或紫色 …………………… 8

7a 叶倒卵状披针形，幼果外面有疣状突起 …………………… 宽叶重楼 *Paris polyphylla* var. *latifolia*

7b 叶披针形至条形，幼果外面光滑 …………………… 狭叶重楼 *Paris polyphylla* var. *stenophylla*

8a 内轮花被片长于或近等长于外轮；花药通常长0.8～1.2厘米，与花丝近等长或稍长于花丝 …………………… 七叶一枝花 *Paris polyphylla*

8b 内轮花被片通常短于外轮，很少与外轮近等长；花药长1.2～1.5(～2)厘米，长为花丝的3～4倍 …………………… 华重楼 *Paris polyphylla* var. *chinensis*

甘肃省贝母属植物分种检索表

在国家林业和草原局、农业农村部公布的《国家重点保护野生植物名录》中，贝母属（*Fritillaria*）植物为全属保护，甘肃省分布有该属植物6种。甘肃省贝母属植物分种检索表如下。

1a 叶状苞片1枚 …………………………………………………………………………… 2

1b 叶状苞片1～3枚；柱头裂片长2～4毫米 ……………………………………………… 4

2a 花柱3裂，裂片2～4毫米 ……………………………… 华西贝母 *Fritillaria sichuanica*

2b 柱头近于不裂或稍3裂，裂片长约1毫米 ………………………………………………… 3

3a 花黄绿色，花被片内面有黑色斑点或紫色网纹 …………… 甘肃贝母 *Fritillaria przewalskii*

3b 花深紫色，花被片内面有黄褐色斑点或方格斑 …………… 暗紫贝母 *Fritillaria unibracteata*

4a 叶状苞片先端直或微弯曲；内轮花被片近匙形，花被片无规则的方格斑，但具大小不一的紫色斑块或先端两侧具紫色斑带；蜜腺窝在背面不明显突出
………………………………………………………………… 太白贝母 *Fritillaria taipaiensis*

4b 叶状苞片先端通常卷曲；内轮花被片卵形或倒卵状矩圆形，花被片具较规则的紫色方格斑；蜜腺窝在背面明显突出 ……………………………………………………………… 5

5a 雄蕊花丝多具乳突，蜜腺椭圆形或卵形 ……………………… 川贝母 *Fritillaria cirrhosa*

5b 雄蕊花丝几乎无乳突，蜜腺近圆形 ……………………… 榆中贝母 *Fritillaria yuzhongensis*

甘肃省杓兰属植物分种检索表

在国家林业和草原局、农业农村部公布的《国家重点保护野生植物名录》中，杓兰属（*Cypripedium*）植物为全属保护（离萼杓兰 *Cypripedium plectrochilum* 除外），甘肃省分布有该属植物17种，其中16种为国家保护植物。甘肃省杓兰属植物分种检索表如下。

1a 花下方无苞片……………………………………………………………………………… 2

1b 花下方有苞片，但小于叶 ………………………………………………………………… 4

2a 叶2枚，叶片较小、无斑点 ………………………… 无苞杓兰 *Cypripedium bardolphianum*

2b 叶2枚，铺地，叶片较大、常具斑点 ………………………………………………………… 3

3a 花瓣背面上侧密被长柔毛，边缘具长缘毛 …………………… 毛瓣杓兰 *Cypripedium fargesii*

3b 花瓣背面脉上被短柔毛或背面上侧被短柔毛，边缘具短缘毛

…………………………………………………………… 斑叶杓兰 *Cypripedium margaritaceum*

4a 叶常2枚，近对生或对生 ………………………………………………………………… 5

4b 叶常(2～)3～6枚，常互生，较少对生 ……………………………………………………… 8

5a 叶扇形，具辐射脉；茎、花序柄被长柔毛………………… 扇脉杓兰 *Cypripedium japonicum*

5b 叶长椭圆形或心形，非辐射脉 ……………………………………………………………… 6

6a 叶椭圆形，具平行脉；茎有毛；花瓣近提琴形；唇瓣具宽阔囊口

……………………………………………………………… 紫点杓兰 *Cypripedium guttatum*

6b 叶心形或近圆形，网状脉；茎无毛；叶对生；花瓣线形或披针形；花下垂 …………… 7

7a 叶近心形；花淡黄色或淡绿色；唇瓣近椭圆形 ……………… 对叶杓兰 *Cypripedium debile*

7b 叶近圆形；花血红色或淡紫红色；唇瓣近球形 …… 巴郎山杓兰 *Cypripedium palangshanens*

8a 花的2枚侧萼片完全离生；唇瓣倒圆锥形，囊口有毛

……………………………… 离萼杓兰 *Cypripedium plectrochilum*（非国家重点保护植物）

8b 花的2枚侧萼片不同程度地合生而成1枚合萼片；唇瓣球形、椭圆形或扁球形，决不为倒圆锥形，囊口无毛 ………………………………………………………………………… 9

9a 花黄色或黄绿色 ……………………………………………………………………………… 10

9b 花非黄色或黄绿色 …………………………………………………………………………… 13

10a 花绿色或黄绿色，不具栗色条纹；花通常2～3朵 ………… 绿花杓兰 *Cypripedium henryi*

10b 花非纯绿黄色或黄绿色，有时有紫红色斑点或栗色条纹；花通常1朵 ……………… 11

11a 花瓣稍短于中萼片，先端钝；唇瓣具栗色斑点 ………… 黄花杓兰 *Cypripedium flavum*

11b 花瓣通常长于中萼片，先端渐狭，急尖或渐尖；萼片与花瓣绿黄色，有栗色脉纹；唇瓣黄色，有栗色斑点 ………………………………………………………………………… 12

12a 叶通常2枚；唇瓣1.6～4厘米；退化雄蕊6～10毫米 ……… 华西杓兰 *Cypripedium farreri*

12b 叶通常3～4枚；唇瓣5～7厘米；退化雄蕊1.5～2厘米 ………………………………………………………………… 大叶杓兰 *Cypripedium fasciolatum*

13a 子房具腺毛；花常2～3朵；退化雄蕊基部具柄；花褐色至淡紫色；唇瓣小，短于2厘米 ………………………………………………………………… 山西杓兰 *Cypripedium shanxiense*

13b 子房具短柔毛或无毛，绝不具腺毛；花常1朵；退化雄蕊基部无明显的柄 …………… 14

14a 子房具长柔毛；茎被长柔毛，近节处较多；叶背面脉上具毛 ………………………………………………………………… 毛杓兰 *Cypripedium franchetii*

14b 子房无毛或具短柔毛；叶背面上无毛或脉上有毛 ………………………………… 15

15a 花红色、粉红色，或偶尔白色，干燥时不变成深紫色；花瓣上纹理不明显；退化雄蕊背面不隆起………………………………………………… 大花杓兰 *Cypripedium macranthos*

15b 花深紫色到深红色，干燥时变成深紫色；花瓣上纹理清晰；退化雄蕊背面隆起 …… 16

16a 唇瓣囊口具白色或浅色的圈，囊背面无质地较薄的透明“窗” ………………………………………………………………… 西藏杓兰 *Cypripedium tibeticum*

16b 唇瓣囊口不具白色或浅色的圈，囊背面具质地较薄的透明“窗” ………………………………………………………………… 褐花杓兰 *Cypripedium calcicola*

图片版权说明

本书图片版权归原作者所有，感谢以下人员和单位提供了部分彩色照片、标本照片和手绘图。

彩色照片

曾商春：庙台槭

陈彬：庙台槭、宜昌橙、华西杓兰、黄檗

陈敏愉：华西贝母

陈又生：梓叶槭、红椿

杜巍：秦岭冷杉、穗花杉、大叶杓兰、疙瘩七、黑籽重楼、大果青扦

胡梦霄：红豆树

华国军：庙台槭、西康天女花、红豆树、毛瓣杓兰

黄兆辉：亮叶月季、紫斑牡丹

黎斌：太白山紫斑牡丹

李波卡：白及、半日花、川黄檗、大花杓兰、甘肃贝母、甘肃桃、珙桐、红花绿绒蒿、红景天、连香树、蒙古扁桃、庙台槭、荞麦叶大百合、肉苁蓉、软枣猕猴桃、沙冬青、山西杓兰、水母雪兔子、水杉、锁阳、桃儿七、野大豆、榆中贝母、羽叶点地梅、云南红景天、中华猕猴桃、紫椴

李策宏：峨眉含笑、对叶杓兰、杜鹃兰

李黎：华西杓兰

李小伟：阿拉善披碱草、毛披碱草

李洋：四川牡丹

林秦文：矮扁桃、斑子麻黄、瓣鳞花、川黄檗、大叶榉树、浮叶慈姑、红景天、连香树、蒙古扁桃、绵刺、青海固沙草、软枣猕猴桃、四合木、小杉兰

刘昂：峨眉含笑

刘冰：大叶榉树、软枣猕猴桃、疙瘩七

刘军：香果树、红豆树

刘坤：尖叶栎

刘磊：阿拉善披碱草、短芒芨芨草

刘翔：润楠、西康天女花、单瓣月季花

刘焱：华西贝母

卢元：太白山紫斑牡丹

马全林：阿拉善单刺蓬

满自红：山西杓兰

孟德昌：对叶杓兰、金线重楼

仁昭杰：桧叶白发藓

宋鼎：岷江柏木、云南红景天

孙国钧：风景插页（藻类）

汤睿：胀果甘草、芒苞草

唐荣：西康天女花

图力古尔：蒙古白丽蘑

图虫创意：肉苁蓉、松口蘑

王军峰：白豆杉

王孜：芒苞草、三刺草、短柄披碱草

魏泽：八角莲、天麻、西藏红豆杉、珙桐

魏延丽：西南手参、发菜

吴棣飞：红豆杉

邢艳兰：斑叶杓兰

徐永福：白豆杉、胀果甘草、南方红豆杉

寻路路：太白山紫斑牡丹

杨春江：浮叶慈姑

杨霁琴：疙瘩七、褐花杓兰、山西杓兰

喻勋林：香果树、水曲柳

张金龙：巴山榧树

张磊：岷江柏木、假人参

赵德善：四裂红景天

甄爱国：宽叶重楼

周建军：南方红豆杉

周立新：紫椴

周欣欣：奶桑、矮扁桃、油樟、毛瓣杓兰、巴郎山杓兰

周繇：黄檗、手参、水曲柳、天麻、小杉兰、兴安杜鹃、紫点杓兰、紫椴

朱仁斌：川贝母、春兰、独蒜兰、独叶草、杜鹃兰、红景天、蕙兰、建兰、具柄重楼、绿花百合、绿花杓兰、马蹄香、毛瓣杓兰、毛杓兰、太白贝母、油樟、紫芒披碱草

朱旭龙：冬虫夏草、风景插页（被子植物）

朱鑫鑫：梓叶槭、中华猕猴桃、穗花杉、白及、荞麦叶大百合、独花兰、黄连、杜鹃兰、蕙兰、春兰、无苞杓兰、扇脉杓兰、大花杓兰、细叶石斛、细茎石斛、八角莲、香果树、金荞麦、